環境・都市システム系 教科書シリーズ 18

交通システム工学

博士(工学) 大橋 健一
博士(工学) 柳澤 吉保
博士(工学) 髙岸 節夫
博士(工学) 佐々木 恵一
博士(工学) 日野 智
博士(工学) 折田 仁典
博士(工学) 宮腰 和弘
工学博士 西澤 辰男
共著

コロナ社

刊行のことば

工業高等専門学校（高専）や大学の土木工学科が名称を変更しはじめたのは1980年代半ばです。高専では1990年ごろ，当時の福井高専校長 丹羽義次先生を中心とした「高専の土木・建築工学教育方法改善プロジェクト」が，名称変更を含めた高専土木工学教育のあり方を精力的に検討されました。その中で「環境都市工学科」という名称が第一候補となり，多くの高専土木工学科がこの名称に変更しました。その他の学科名として，都市工学科，建設工学科，都市システム工学科，建設システム工学科などを採用した高専もあります。

名称変更に伴い，カリキュラムも大幅に改変されました。環境工学分野の充実，CADを中心としたコンピュータ教育の拡充，防災や景観あるいは計画分野の改編・導入が実施された反面，設計製図や実習の一部が削除されました。

また，ほぼ時期を同じくして専攻科が設置されてきました。高専～専攻科という7年連続教育のなかで，日本技術者教育認定制度（JABEE）への対応も含めて，専門教育のあり方が模索されています。

土木工学教育のこのような変動に対応して教育方法や教育内容も確実に変化してきており，これらの変化に適応した新しい教科書シリーズを統一した思想のもとに編集するため，このたびの「環境・都市システム系教科書シリーズ」が誕生しました。このシリーズでは，以下の編集方針のもと，新しい土木系工学教育に適合した教科書をつくることに主眼を置いています。

（1） 図表や例題を多く使い基礎的事項を中心に解説するとともに，それらの応用分野も含めてわかりやすく記述する。すなわち，ごく初歩的事項から始め，高度な専門技術を体系的に理解させる。

（2） シリーズを通じて内容の重複を避け，効率的な編集を行う。

（3） 高専の第一線の教育現場で活躍されている中堅の教官を執筆者とす

る。

本シリーズは，高専学生はもとより多様な学生が在籍する大学・短大・専門学校にも有用と確信しており，土木系の専門教育を志す方々に広く活用していただければ幸いです。

最後に執筆を快く引き受けていただきました執筆者各位と本シリーズの企画・編集・出版に献身的なお世話をいただいた編集委員各位ならびにコロナ社に衷心よりお礼申し上げます。

2001年1月

編集委員長　澤　　孝平

まえがき

空間距離の克服は人類の永遠のテーマであり，交通は人類の歴史そのものでもある。産業革命により数多くのテクノロジーを手に入れた人類は，交通の利便性を増して豊かさを飛躍的に増大させてきたが，これまで経験しなかったような新たな問題も生じてきている。

社会の進歩発展に伴い，交通の重要性は増してきている。水や空気などと同様に，円滑に交通できることが当たり前の時代となっているが，日常的に繰り返される交通に多大な費用を現代社会は支払っている。交通計画は，都市空間に発生する交通を円滑に処理するという初期の目的から，最近では交通需要そのものの管理へとシフトしており，人間行動の本質にまで立ち入るようになってきた。また，都市生活や経済活動だけにとどまらず，地球環境をも視野に入れた交通計画の必要性が検討されるようになっており，交通システム工学の領域が拡大されてきている。

交通は複雑な社会活動に付随する移動であり，交通問題を単一的な視点で解決することは困難である。本書は，交通問題にシステム的に対処するための考え方や方法論をわかりやすく解説したものである。交通へのアプローチにはさまざまな方法があるが，本書では，交通の諸現象を客観的に説明するとともに，望ましい政策手段を立案選択するための工学的なプロセスを示している。交通に関連した社会問題が山積する中で，人間の勘とか経験に依存した従来の交通システムから，自動運転などの最新技術を取り入れた次世代型交通システムであるITS技術などにわたって解説している。

本書の構成は，交通の総説に当たる***1***章の交通機能と，***2***章以下の交通システム工学の方法や考え方の解説から成る。担当は，***1***章（大橋），***2***章（柳澤），***3***章（大橋・高岸），***4***章（佐々木），***5***章（日野・折田），***6***章（宮腰），

7章（西澤）である。筆者らはいずれも大学や高専の環境都市工学系に所属しており，交通工学・土木計画学・都市計画などの分野で幅広く活動している。筆者らの長年の経験を基に，大学や高専の学生が交通工学を理解しやすいように本書をまとめたものである。交通の諸現象に対してはできるだけ多くの事例を用いて解説しており，また，各章の最後では多くの演習問題とその解答例を示している。本書が都市や環境を学ぶ上での一助となれば幸いである。

なお，ページ数などの制約で必ずしも十分に説明できていないところや，また，筆者らの力量不足で不十分な表現や思い誤った表現をしているところがあるかもしれない。読者のご叱正を乞う次第である。

最後に，本書の執筆では多くの資料や文献を参考にしており，巻末に参考とした文献やURLを示しているが，これら著者の方々に対して深甚なる謝意を表する次第である。また，本書が出版されるまでの長い間尽力されたコロナ社をはじめ，関係者の皆様にも厚くお礼を申し上げる次第である。

2009年1月

著　者

目　　次

1.　交通の機能

2.　交通調査と交通需要推計

3.　都市交通計画

4. 交通流と交通容量

5. 交通運用と交通管理

6. 交　通　環　境

7.　道路の幾何構造と舗装

1

交通の機能

現代社会では，交通は欠くことのできない重要な要素となっている。人類は，多くの交通手段を手に入れ豊かな社会を実現してきたが，交通事故や交通渋滞など，交通に関連した問題が山積している。

今後の社会は，環境問題やエネルギー問題が逼迫(ひっ)してくるものと思われるが，持続的発展可能な社会を目指すためにも総合的な交通体系のもとに安全で効率的な交通システムの確立が望まれている。

1.1 交通の定義

交通には，人の移動と物の移動がある。人の移動は**パーソントリップ**，物の移動は**物資流動**と呼ばれる。では，なぜ人や物は移動をするのだろうか。

都市や地域は，存在する場所によって，地形・気候・風土・産出品が異なり，地域固有の特徴を有している。地域から産出される物を利用して人々は生活しているが，産出される物には地域的な偏りがあり，生活に必要な物が過不足することが多い。経済学でよく用いられる限界効用逓減の法則が意味するように，人間が物から得る効用の増分は所有量に反比例する。所有量が少ないときの限界効用は高いが，所有量が多くなれば限界効用は低減する。この結果，人々は品物を移動して**交易**を行い，たがいの効用を高めている。また，他の人々と**交流**することによって未知の知識を吸収したり，さらには，観光などのように他の地域を訪れることによって非日常性を体験することにより，効用を高めている。人類の生活は，交流や交易を通して豊かで安定なものとなっている。

交通の背景にはこのような原則があるが，今日のように錯綜（そう）した都市化社会では空間制約を考慮して，交通を以下のようにとらえることも可能である。

都市空間にはさまざまな人間の行動がある。これらの行動主体を大別すれば，家計・企業・政府の三つの行動主体に分類される。家計では，個人レベルの効用最大化を目標として，通勤・通学・買物・休養・娯楽などの私的な行動をしている。企業では，利潤最大化を目標として，生産・建設・販売・サービスなどの業務行動をしている。政府・地方公共団体などの公的機関では，地域社会の厚生最大化を目標として行政サービスの行動をしている。

例えば，お父さんが，会社に行って仕事をすることは企業の行動であり，会社の帰りにデパートで買物をすることや，日曜日に家族でドライブに出かけることは家計の行動である。このように，目的を持って移動することが交通である。外見的には同じように見える交通であっても行動目的が違えば，交通の性質は大きく異なる。

人間行動には数多くのものが考えられるが，「住・働・憩・動」の四つの行動に集約できる。「住」の行動は，個人の生活に関連した行動で，住居を中心として発生し，家計の行動に属するものである。「働」の行動は，仕事に関連した行動で，職場を中心に発生し，企業や政府の行動に属するものである。「憩」の行動は，ショッピングや野山の散策のような憩いを求めるレジャー，レクリエーションなどの行動であり，都市空間に広く分布し，家計の行動に属する。「動」の行動は，都市空間を移動する行動であり，この移動が交通である。現代のように高度に分業化された都市化社会では職場と住居が分離されており，同一空間で住み，働き，憩いを行って行動の目的を達成することは困難である。多くの場合は住む空間，働く空間，憩う空間が別々に構成されており，人間が生活する上で欠くことのできないこれらの行動を行うために生じる移動が交通であり，本質的な行動に派生して生じる交通に費やす時間や費用は少ない方が望ましい。

交通すること自体が目的ではないが，移動によって人間の本質的行動の何をするかが**交通の目的**となる。交通が円滑にできなければ，本質的な行動にも支障を来たすことになり，交通マヒを起こせば社会は機能しなくなる。現代のように資源をフル活用した生産性の高い社会では，交通の重要性は増している。

1.2 交 通 の 歴 史

人類の長い歴史の大半は，徒歩・馬車・帆船などに依存した社会であった。これらの時代は使用できる**交通手段**が乏しく，重量物の運搬では水運以外の手段は存在しない状況であり，交通制約を強く受けた国土利用が形成された。多くの都市は水運に恵まれたところに立地した。産業革命以後，人類は，鉄道・自動車・船舶・飛行機などの輸送手段を手に入れた。現代では，地球上のどんなところにも都市をつくることが可能となっており，臨海部から内陸部へと都市化が進展していった。交通は都市形成の重要な要因であり，時代の交通手段を反映して都市が形成された。

科学技術の進歩は交通にも多大な影響を及ぼしており，交通手段の進歩発展には目覚ましいものがある。例えば，あの有名な「忠臣蔵」の話において，播州赤穂藩（現在の兵庫県赤穂市）に江戸城松の廊下の「刃傷（にんじょう）事件」を伝える知らせが，早駕籠（かご）（当時の最も速い交通手段）を使って4昼夜半かかっており，現在では，この東京-赤穂間約600 kmは，鉄道を使って4時間ほどで移動できる。1700年当時の超特急便で，不眠不休の早駕籠の速度が約6 km/hに対し，現代の鉄道は150 km/hである。江戸時代には徒歩で行き来できるようなコンパクトな町や村が形成されたが，現代では鉄道や自動車で行き来する広域都市圏が形成されている。すなわち，現代の都市は鉄道や自動車などの交通システムを前提条件として成立しており，交通システムに支障を来たせば，大きな社会問題が発生する構造となっている。

利用可能な交通手段によって都市の立地や形態が規定されるが，産業革命以後に人類はさまざまな交通手段を獲得し，人類の歴史に重くのしかかっていた交通の呪（じゅ）縛から開放されつつある。今日の都市の繁栄は交通によって支えられているといっても過言でない。わが国の交通は，明治以降の工業化の進展に伴って鉄道やバスなどの公共輸送手段が着実に整備され，第二次大戦後の高度経済成長期に自動車が急速に普及した。自動車はたいへん便利な交通手段で，現代社会に大きく貢献をしているが，一方で，自動車の増加により多くの**交通問題**が露呈してきた。

1.3 交 通 の 機 能

交通は派生的な行動であり，交通自体に目的はなく，このため交通に要する犠牲は少ない方がよい。交通に要求される機能は，速達性・安全性・快適性・低廉性であり，さらに，最近では，環境との調和や環境負荷の軽減など環境への適合性が重要視されるようになってきた。都市社会は交通に大きく依存した社会であり，大量の交通が毎日行われているが，これらの機能が満たされていないと都市は大きな混乱を生じる。

目的地に速く到達することは人類の永遠の夢であり，交通の歴史もいかに安くて速く目的地に到達できるかにあった。安全性については生命に関する最重要課題であり，安全性の欠如は許されない。社会基盤として交通に要求される安全性は，安全なことが当たり前なだけに，最初から安全であるかのような錯覚に陥りやすい傾向がある。速達性と安全性との間には目的間の対立を示すトレードオフの関係があり，交通システムの速達性という目的だけを一方的に改善することは困難である。人命の尊さが叫ばれている社会で，2005年のJR脱線事故により多数の死亡者を出したことは記憶に新しい。また，自動車による**交通事故**では毎年数千人が亡くなっており，高度な技術社会の出来事とは思えない状況が続いている。

快適性については，欧米諸国と比較してわが国では軽視されがちであったが，経済的豊かさに伴って国民の関心を集めるようになり，今後はその重要度が増すものと思われる。低廉性については，交通は毎日大量に繰り返されており，交通コストの軽減は社会的な負担を大きく軽減することになる。

また，交通には，騒音・振動・排気ガスなどが環境に与える問題がある。**モ**

ータリゼーションの進展に伴い，自動車による騒音が街中に氾濫（はん）している。騒音や振動は都市空間の地点レベルの問題であるが，排気ガスによる環境汚染は沿道だけでなく地球レベルにまで及んでいる。工場などの環境負荷の固定発生源とは異なり，交通による環境負荷は移動発生源であり，都市空間全域に影響が及び，対策にも苦慮している。わが国の都市では**スプロール**市街地が広がり，後追い的に交通インフラが整備されることが多い。密集市街地の地価は高騰しており，交通用地の取得も困難で，環境との調和も難しい。

1.4 交通システムと交通施設

交通には“人”と“もの”の交通主体があり，これらの交通を行う手段として交通手段がある。おもな交通手段には，徒歩・二輪・自動車・バス・鉄道・船舶・飛行機がある。これらの交通手段には移動媒体である**交通具**と移動空間を提供する**交通路**がある。自動車や鉄道では，車両が交通具であり，道路や鉄軌道が交通路となる。徒歩・二輪・自動車のような個人所有の交通具もあれば，バス・鉄道のように公共的に利用される交通具もある。道路のように複数の交通手段が混在する交通路もあれば，鉄道のように専用軌道を必要とする交通路もある。また，船舶や飛行機のように，交通端末のターミナルを必要とするが，特定の軌道を必要としない手段もある。複数の交通手段が混在する場合には，交通手段相互の影響で渋滞が発生したり危険性が増したりすることがある。

“交通具”と“交通路”を一体的にとらえ，ターミナルでの乗換えなどを考慮して社会に機能する施設として考案されたものが交通施設であり，都市を支える重要な**社会基盤**（インフラストラクチャー）を形成している。交通は，“交通具”や“交通路”の単体では役に立つことは少ない。交通具・交通路・交通主体・安全性・エネルギー問題・環境問題を含め，交通のハードウェア・ソフトウェアに地域社会や環境問題の視点を加えた交通システムととらえる必要がある。例えば，自動車があっても道路がなければ使えない。また，自動車と道路があっても駐車場がなければ役に立たない。さらに，石油がなければ動かない。このように交通はたくさんの要素から構成されており，**交通システム**を形成している。

交通システムの構成要素が連携していなければ，交通システムの機能が損なわれる。交通システムは，交通手段や交通施設などのハードを活用して，人間にとって有益なシステムを構築する必要がある。自由競争主義の社会では，経済行為は市場メカニズムによって行われる。“一般消費財”は，市場メカニズムによって合理的に生産・配分されるが，市場メカニズムには欠陥があり，“社会資本が提供するサービス”には市場メカニズムは機能しない。交通においても同様である。市場メカニズムが機能しないところを公的に介入するのが**交通計画**であり，さまざまな交通政策が検討されるようになっている。

演 習 問 題

【1】 遠く隔たった“山の民”と“海の民”が古代から交易をしていたといわれている。山の幸である毛皮と海の幸である魚（干物）の交換を，限界効用の逓減から説明せよ。

【2】 古代の都市で，交通の制約を考慮して都市づくりを行った事例を示せ。

【3】 あるAさんの1日の行動を仮定し，これらの行動を，「住・働・憩・動」の四つの行動目的に大分類し，場所・移動距離と手段を示せ。

【4】 交通における速達性と安全性に関するトレードオフ（目的間の対立性）の事例を示せ。

【5】 社会資本が提供するサービスには，なぜ市場メカニズムが機能しないか説明せよ。

2

交通調査と交通需要推計

交通問題に対応するに当たり，まずは交通行動の実態を把握する必要がある。本章では，交通行動の計測単位とデータ収集および集計範囲であるゾーニングについて述べ，主要な調査方法とトリップの集計方法を示す。また，交通計画の立案に当たり重要な資料となる四段階推計法，すなわち発生・集中交通量，分布交通量，手段別交通量，配分交通量の推計法について述べる。さらに，個人単位での意思決定要因をモデルに反映させることができる，非集計交通行動モデルの考え方およびそのモデリングについてもふれる。

2.1 交通調査

2.1.1 交通調査の計測単位

〔1〕 **交通量と変動特性**　交通量とは，道路のある断面を単位時間に通過する車両数のことである。単位時間の設定による交通量とその変動に関する定義は以下のとおりである。

1） **年交通量と年平均日交通量**　単位時間を1年とする交通量は年交通量である。年交通量を365日で除した値が年平均日交通量（annual average daily traffic，略してAADT）である。

2） **日交通量と月係数および曜日係数**　単位時間を1日とする交通量は日交通量である。本交通量は月および曜日によって変動する。変動の大きさを表す指標として，それぞれ以下に示す係数が定義されている。

$$月係数（月間係数）=\frac{月平均日交通量}{年平均日交通量},\quad 曜日係数=\frac{日交通量}{週平均日交通量}$$

また，昼間12時間交通量を計測した場合は，以下に示す昼夜率を求める。

$$昼夜率=\frac{日交通量}{昼間12時間交通量}$$

3）**時間交通量とピーク時間交通量**（maximum hourly traffic volume）

単位時間を1時間とする交通量は時間交通量である。1日の時間交通量のうちで最大となる交通量がピーク時間交通量である。1日の時間交通量に対するピーク時間交通量の変動の大きさを表す指標としてピーク率が定義されている。

$$ピーク率=\frac{ピーク時間交通量}{日交通量}\quad\left(または，\frac{ピーク時間交通量}{昼間12時間交通量}\right)$$

4）**分単位交通量**　　単位時間を1，5，10，15分とする交通量は，おもに交通制御に用いられる。このように1時間未満の交通量の短時間変動に対しては，以下のピーク時係数（peak hour factor，略してPHF）が定義されている。

$$PHF=\frac{ピーク時間交通量}{4\times ピーク15分間交通量}$$

〔***2***〕**トリップ**　　人や物資あるいは自動車が，ある地点から別の地点に移動する交通を**トリップ**という。トリップ計測表現には**目的トリップ**（linked trip）と**手段トリップ**（unlinked trip）がある。目的トリップは，ある目的を達成するために行った発着地間の移動を1単位として計測する。

例えば**図*2.1***に示すような通勤目的では，自宅を出発してから徒歩，路線バス・鉄道を乗り継いで最寄りの駅から目的地である会社まで徒歩で移動した

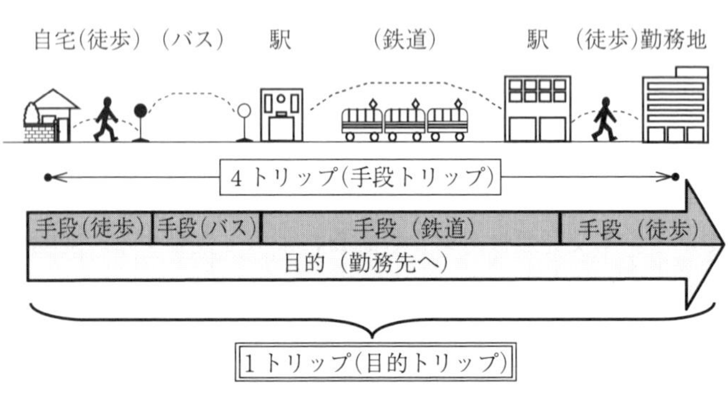

図*2.1*　トリップの概念（長野県建設部都市計画課から許可を得て転載）

場合も，通勤目的トリップとして1トリップと計測される。ただし，トリップの目的，発着場所および時刻，移動手段，乗換場所，年齢・性別・職業などの個人属性も同時に調査される。

一方，手段トリップは，手段ごとにトリップをカウントするため，**図 2.1** の場合は4トリップと計測される。トリップの発着地点は**トリップエンド**と呼ばれる。一般的に1日のトリップは**図 2.2** に示すように複数回行われ，これを**トリップチェーン**という。

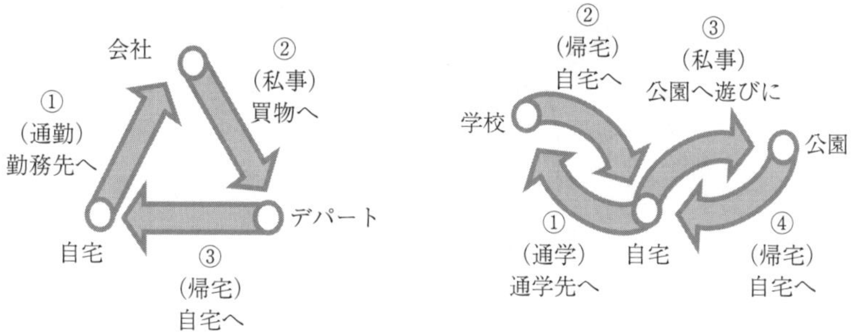

（*a*） 3トリップ　　（*b*） 4トリップ

図 2.2 トリップチェーンの例（長野県建設部都市計画課から許可を得て転載）

2.1.2 計画および調査対象地域の範囲の設定とゾーニング

調査対象地域の範囲は，計画の目的や生起している交通問題に依存するが，一般的には，都市圏住民の日常的な交通が完結する範囲とする場合が多い。対象地域の範囲を示す外周線を**コードンライン**と呼ぶ。対象地域内は，計画目的に応じて大ゾーン，中ゾーン，小ゾーンの3段階で分割される。調査対象地域を区分することを**ゾーニング**といい，行政区で行われることが多い。

交通の発生量あるいは集中量などがゾーン単位で集計される。コードンラインと幹線道路などの主要道路との交点にコードンステーションが設けられ，コードンラインの外側である域外地域との交通の流出入量は，コードンステーションで計測される。この調査を**コードンライン調査**と呼ぶ。対象地域内を通る河川や鉄道は**スクリーンライン**と呼ばれる。スクリーンラインと交差する道路などでは，起終点調査により得られた交通量の精度をチェックするための補完的な交通量調査が行われる。この調査は**スクリーンライン調査**と呼ばれる。ゾーニングの概念を**図 2.3** に示す。

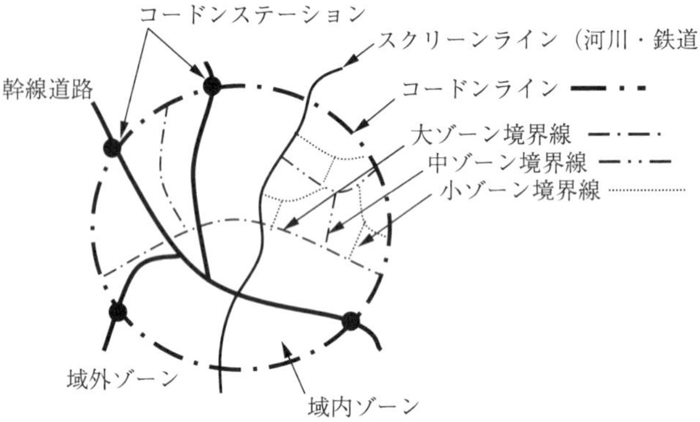

図 2.3　ゾーニングの概念図

2.1.3　主要な交通調査

〔**1**〕　**交通量常時観測調査**　　**交通量常時観測調査**は，全国の道路主要地点に設置された車両感知器（トラフィックカウンター）によって，各地点の交通量を連続して観測するもので，交通量の時系列的な変動を把握することができる。

調査では，基本観測と補助観測が行われる。基本観測は年間を通じて交通量が観測される。補助観測は基本観測の観測地点を補完する調査であり，春と秋にそれぞれ1週間の観測期間を設け，連続して交通量が観測される。

〔**2**〕　**全国道路交通情勢調査**　　**全国道路交通情勢調査**は**道路交通センサス調査**とも呼ばれ，一般交通量調査，自動車起終点（origin-destination，略して OD）調査，機能調査，駐車調査が行われる。本調査は5年間隔で実施されるが，3年目には補完を目的として一般交通量調査が行われる。道路の計画，建設，維持修繕，管理を行うための基礎資料となる。本調査の体系およびおもな調査項目を**図 2.4** に示す。

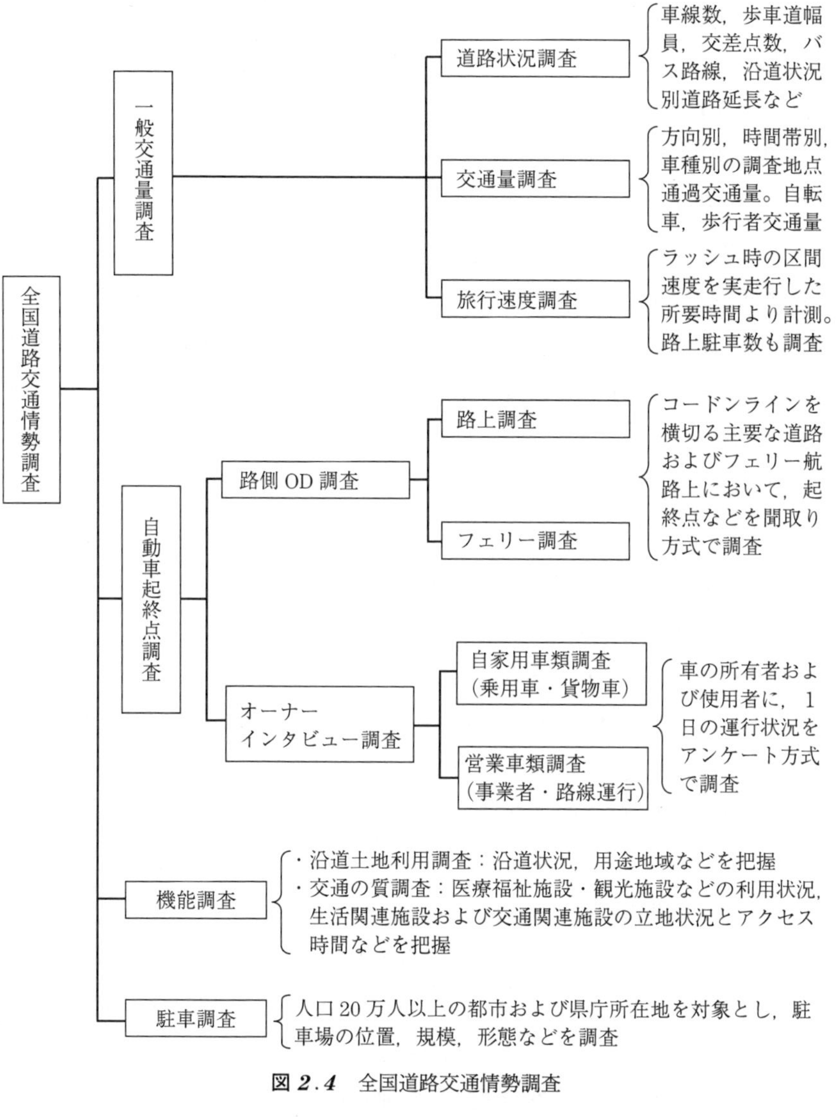
全国道路交通情勢調査
一般交通量調査
道路状況調査
車線数，歩車道幅員，交差点数，バス路線，沿道状況別道路延長など
交通量調査
方向別，時間帯別，車種別の調査地点通過交通量。自転車，歩行者交通量
旅行速度調査
ラッシュ時の区間速度を実走行した所要時間より計測。路上駐車数も調査
自動車起終点調査
路側 OD 調査
路上調査
フェリー調査
コードンラインを横切る主要な道路およびフェリー航路上において，起終点などを聞取り方式で調査
オーナーインタビュー調査
自家用車類調査（乗用車・貨物車）
営業車類調査（事業者・路線運行）
車の所有者および使用者に，1日の運行状況をアンケート方式で調査
機能調査
・沿道土地利用調査：沿道状況，用途地域などを把握
・交通の質調査：医療福祉施設・観光施設などの利用状況，生活関連施設および交通関連施設の立地状況とアクセス時間などを把握
駐車調査
人口 20 万人以上の都市および県庁所在地を対象とし，駐車場の位置，規模，形態などを調査

図 2.4　全国道路交通情勢調査

一般交通量調査は，全国の高速自動車国道，都市高速道路，一般国道，主要地方道，都道府県および一部市町村道を調査対象とする。観測日は，秋期の平日と休日のそれぞれ 1 日行われる。観測時間は午前 7 時から午後 7 時までの昼間 12 時間であるが，環境対策等が必要な一部区間では 24 時間交通量が観測さ

れる。交通量は，歩行者，自転車，動力付き二輪車，乗用車類，バス，貨物車類に分けて，一般的に人手により観測される。

自動車OD調査は，自動車交通の起終点，車種や所有形態，運行目的，業態(自家用・営業用)，積載品目などを調査する。データの収集には，オーナーインタビューOD調査，路側OD調査，スクリーンライン調査が行われる。オーナーインタビューOD調査は，自動車登録台帳から抽出された自動車保有者あるいは使用者に対して調査員が訪問し，自動車OD調査事項について聞取り調査を行う。路側OD調査は，コードンライン上に設けた調査地点の路側で車両を一時停車させ，調査員が直接必要事項を聞き取る調査で，オーナーインタビューOD調査で対象とされなかった調査区域外からの流入車両や，十分な精度が確保されない地域間交通や長距離トリップを対象に行われるOD調査である。スクリーンライン調査では，河川・鉄道などのスクリーンラインを通過する交通量を計測する。計測された断面交通量は，オーナーインタビューOD調査に基づく交通量と比較し，自動車OD交通量の精度をチェックする。

〔***3***〕 **パーソントリップ調査**　　パーソントリップ（person trip，略してPT）調査は，交通主体である調査区域内居住者の1日の交通行動を把握する調査であり，目的トリップごとに発着場所および時刻，移動手段，乗換場所，年齢・性別・職業を含む個人属性等が把握される。調査は，家庭訪問調査，コードンライン調査などの補完調査，スクリーンライン調査から構成される。本調査は，おもに都市総合交通計画の策定に用いられる。

家庭訪問調査では，対象区域内の人口規模に応じて設定された抽出率（通常2〜10％）に基づき，被験者を無作為に抽出する。一般的には住民基本台帳から世帯が抽出され，5歳以上の世帯構成員に対して**表 *2.1*** に示した交通実態調査項目が調査される。家庭訪問調査を補完するため，調査区域外から流入する人や車を対象に行われるコードンライン調査，同じく調査区域外から鉄道，バス，船舶，航空機などの公共交通を使ってコードンライン内に流入するトリップを対象に行われる大量輸送機関調査，調査日前日までに域内に流入した人を把握する宿泊者調査も行われる。営業用貨物車やタクシーのトリップを対象

表 *2.1*　長野都市圏 PT 調査票（長野県建設部都市計画課から許可を得て転載）

長野県登録統計
第090204号

この調査は、皆様の1日の動きを教えていただき、将来の交通計画をたてる基礎資料を得るために行うものです。この調査票に記入されたことは、その統計を作るためだけに使われるもので、この目的以外には使用いたしません。

平成13年長野都市圏パーソントリップ調査

㊙ **長野都市圏交通実態調査票**

国土交通省　長野県　長野市　須坂市　中野市　飯山市　更埴市
戸倉町　小布施町　豊野町　信濃町　牟礼村　三水村　豊田村

整理番号	個人番号	総トリップ数	調査結果 1.有効 2.無効	トリップの有無 1.トリップあり 2.トリップなし

あなたの調査日は
平成13年　月　日（　曜日）
午前3時から翌日午前3時までです。

◆ **記入についてのお願い**

1．記入にあたっては、別紙記入例を参照して下さい。
2．記入はなるべく黒の鉛筆でお願いします。
3．太線□内の▒部分だけ記入して下さい。
4．答えに番号がついている欄では、その該当する番号を○で囲み（　）の欄は左の分類表より該当するものを選んで、その番号を記入して下さい。
5．あなたの調査日とされた1日の全ての行動を記入して下さい。
6．どこから出発して、どこへ行ったかを目的が変わるごとに1ばんめ、2ばんめ、…と順を追って記入して下さい。
7．徒歩のみで行った動きについても必ず記入して下さい。
8．電車、バス、ハイヤー、タクシーの乗務員としての行動は記入しないで下さい。

①あなたの住所は	②あなたの勤務先または通学先は（①の住所と同じ場合には1に○をつけて下さい　それ以外の場合には所在地を記入して下さい）	③あなたの性別・年齢は	④あなたの職業は（該当する番号を○で囲んで下さい）	⑤どのような産業ですか（該当する番号を○で囲んで下さい）	⑥あなたは運転免許証をお持ちですか	⑦お宅でお持ちの自動車等は何台ありますか（ただし、緑・黒ナンバーを除く）
市 大字 町　町 村 字　番地 丁目　番　号	1.①の住所と同じ 市 大字 町　町 村 字　番地 丁目　番　号 勤務先または通学先の名称	1．男 2．女 （平成13年10月1日現在） 満　才	【職業をお持ちの方】（パート、アルバイトを含む） 1．農林漁業従事者 2．技能工・生産工程従事者 3．販売従事者 4．サービス業従事者 5．運輸・通信従事者 6．保安職業従事者 7．事務的職業従事者 8．技術的・専門的職業従事者 9．管理的職業従事者 10.わからないときは具体的に記入して下さい。（　） 【職業をお持ちでない方】 11.学生・児童・園児（中学生以下） 12.学生（高校生以上） 13.主婦（職業従事者を除く） 14.無職・その他	1．農林漁業 2．鉱業 3．建設業 4．製造業 5．卸売業 6．小売業 7．金融・保険・不動産業 8．運輸・通信業 9．電気・ガス・水道業 10.サービス業 11.公務 12.非就業（職業をお持ちでない方） 13.わからない方は具体的に記入して下さい（　）	1.自動車運転免許を持っている（大型・二種等を含む） 2.自動二輪車運転免許を持っている 3.原動機付き自転車運転免許のみを持っている 4.持っていない	軽自動車（660cc以下）（　）台 乗用車（　）台 貨物自動車（　）台 自動二輪車（50ccをこえる）（　）台 原動機付自転車（50cc以下）（　）台 自転車（　）台

表–1　施設の種類

【住居系施設】
1．住宅・寮
2．学校・教育施設
3．文化・宗教施設
4．医療・厚生・福祉施設

【商業系施設】
5．事務所・会社・銀行
6．官公庁
7．問屋・卸売市場
8．個人商店・コンビニ
9．スーパー・デパート
10.飲食店
11.宿泊・娯楽施設

【工業系施設】
12.工場・作業場
13.交通・輸送施設
14.供給・処理施設
15.倉庫

【公園・緑地・その他】
16.公園・緑地
17.体育・レクリエーション施設
18.農林漁業作業地・施設
19.工事現場・その他

表–2　目的の種類

1．勤務先へ
2．通学先へ
3．自宅へ

【自由目的】
4．買物へ
5．社交・娯楽・食事・レクリエーションへ
6．送迎
7．その他の私用へ（通院、習事等）

【業務目的】
8．販売・配達・仕入・購入先へ
9．打合せ・会議・集金・往診へ
10.作業・修理へ
11.農林漁作業へ
12.その他の業務へ

表–3　交通手段の種類

1．徒歩
2．自転車
3．原動機付き自転車（50cc以下）
4．自動二輪車（50ccをこえる）
5．タクシー・ハイヤー
6．軽自動車（660cc以下）
7．乗用車
8．貨物自動車（ライトバンを含む）
9．自家用・貸切バス（送迎バスを含む）
10.路線バス
11.JR・しなの鉄道
12.長野電鉄
13.新幹線
14.船舶
15.航空機
16.その他

表–4 駐車場所の種類

【駐車した場合】

《道路上》
1．無料
2．有料（パーキングメータ、パーキングチケット等利用）

《道路外》
3．月極有料駐車場
4．時間貸有料駐車場
5．自宅車庫
6．事務所・店舗などの駐車場、訪問先の敷地（買物割引駐車場を含む）
7．駅前広場
8．その他の空き地等

【駐車しない場合】
9．駐車しない

	1ばんめ	2ばんめ	3ばんめ	4ばんめ
⑧出発地は	1．自宅（①の住所と同じ） 2．勤務先・通学先（②の所在地と同じ） 3．上記以外の場合は 市 大字 町 町 村 字　番地　丁目　番　号 番地がわからないときは、その建物名、あるいは付近の有名な建物名、目標物などを記入して下さい。（　）	出発地（1ばんめの到着地と同じ）	出発地（2ばんめの到着地と同じ）	出発地（3ばんめの到着地と同じ）
⑨出発地の施設の種類は	表–1より番号を選んで記入して下さい。（　）番	出発地の施設（1ばんめの到着地の施設と同じ）	出発地の施設（2ばんめの到着地の施設と同じ）	出発地の施設（3ばんめの到着地の施設と同じ）
⑩出発の時刻は	1．午前 2．午後　時　分	1．午前 2．午後　時　分	1．午前 2．午後　時　分	1．午前 2．午後　時　分
⑪到着地は	1．自宅（①の住所と同じ） 2．勤務先・通学先（②の所在地と同じ） 3．上記以外の場合は 市 大字 町 町 村 字　番地　丁目　番　号 番地がわからないときは、その建物名、あるいは付近の有名な建物名、目標物などを記入して下さい。（　）	1．自宅（①の住所と同じ） 2．勤務先・通学先（②の所在地と同じ） 3．上記以外の場合は 市 大字 町 町 村 字　番地　丁目　番　号 番地がわからないときは、その建物名、あるいは付近の有名な建物名、目標物などを記入して下さい。（　）	1．自宅（①の住所と同じ） 2．勤務先・通学先（②の所在地と同じ） 3．上記以外の場合は 市 大字 町 町 村 字　番地　丁目　番　号 番地がわからないときは、その建物名、あるいは付近の有名な建物名、目標物などを記入して下さい。（　）	1．自宅（①の住所と同じ） 2．勤務先・通学先（②の所在地と同じ） 3．上記以外の場合は 市 大字 町 町 村 字　番地　丁目　番　号 番地がわからないときは、その建物名、あるいは付近の有名な建物名、目標物などを記入して下さい。（　）
⑫到着地の施設の種類は	表–1より番号を選んで記入して下さい。（　）番	表–1より番号を選んで記入して下さい。（　）番	表–1より番号を選んで記入して下さい。（　）番	表–1より番号を選んで記入して下さい。（　）番
⑬到着の時刻は	1．午前 2．午後　時　分	1．午前 2．午後　時　分	1．午前 2．午後　時　分	1．午前 2．午後　時　分
⑭そこへ行かれた目的の種類は	表–2より番号を選んで記入して下さい。（　）番	表–2より番号を選んで記入して下さい。（　）番	表–2より番号を選んで記入して下さい。（　）番	表–2より番号を選んで記入して下さい。（　）番
⑮そこへ行かれるまでに利用された交通手段は	利用された交通手段の種類は（表–3）／何分かかりましたか／乗換地点は（駅名、停留所名、地名、付近の建物などを記入して下さい）	利用された交通手段の種類は（表–3）／何分かかりましたか／乗換地点は（駅名、停留所名、地名、付近の建物などを記入して下さい）	利用された交通手段の種類は（表–3）／何分かかりましたか／乗換地点は（駅名、停留所名、地名、付近の建物などを記入して下さい）	利用された交通手段の種類は（表–3）／何分かかりましたか／乗換地点は（駅名、停留所名、地名、付近の建物などを記入して下さい）
はじめに何を	（　）番　分	（　）番　分	（　）番　分	（　）番　分
次に何を	（　）番　分	（　）番　分	（　）番　分	（　）番　分
次に何を	（　）番　分	（　）番　分	（　）番　分	（　）番　分
次に何を	（　）番　分	（　）番　分	（　）番　分	（　）番　分
次に何を	（　）番　分	（　）番　分	（　）番　分	（　）番　分
次に何を	（　）番　分	（　）番　分	（　）番　分	（　）番　分
⑯その自動車はあなたが運転されましたか	1．はい　2．いいえ	1．はい　2．いいえ	1．はい　2．いいえ	1．はい　2．いいえ
⑰乗車人員はあなたを含めて何人でしたか	（　）人	（　）人	（　）人	（　）人
⑱どこに駐車されましたか	表–4より番号を選んで記入して下さい。（　）番	表–4より番号を選んで記入して下さい。（　）番	表–4より番号を選んで記入して下さい。（　）番	表–4より番号を選んで記入して下さい。（　）番

出発地から到着地に着くまでに、交通手段（徒歩を含む）が変わる毎に、順次交通手段の番号（表–3）、所要時間及び交通手段を変えた場所を記入して下さい。

以下は自動車（表–3の6.7.8）を利用された方のみ記入してください

5ばんめ以降は裏面に記入して下さい

とした営業車調査も補完調査として行われる。また，以上のサンプリング調査の精度をチェックするため，河川あるいは鉄道など対象区域を横断するスクリーンラインを通過する全交通量を観測するスクリーンライン調査も行われる。

〔4〕 **物資流動調査**　　**物資流動調査**は，生活に必要な食料・衣料など，物の動きを調べる起終点調査であり，全国主要都市圏で実施されている。本調査は物流関連施設の配置，総合的な交通施設整備計画などの策定を行うための基礎資料となる。調査内容はそれぞれの都市圏事情を考慮するなど工夫されているが，一般的に事業所概要調査，搬出搬入物資調査，貨物車運行調査により構成される。事業所概要調査では，事業所の所在地，業種，従業者数，保有台数，年間・月間の出荷量，出荷額などが把握される。搬出搬入物資調査では，搬出入した品目および重量，送り元・送り先の所在地，施設，輸送手段などが把握される。貨物車運行調査では，車種等の貨物車属性，貨物車の走行距離およびトリップ起終点，輸送品目，稼働状況等が把握される。調査方法は一部訪問調査を含むが，調査票を郵送で配布・回収する。

〔5〕 **大都市交通センサス**　　**大都市交通センサス**は，首都圏，中京圏，近畿圏の，大量公共交通機関（鉄道，乗合バス，路面電車）の利用実態を明らかにすることを目的として，交通事業者と公共交通機関利用者を対象に5年ごとに実施される。内容は，① 鉄道定期券・普通券等利用調査，② バス・路面電車定期券・普通券等利用調査，③ 鉄道OD調査，④ バス・路面電車OD調査，⑤ 鉄道，バス・路面電車輸送サービス実態調査で構成される。

〔6〕 **その他の調査**　　上記以外にも，道路区間および交差点での混雑度調査，地点速度および走行速度，旅行速度調査などがある。

2.1.4 トリップ調査データの集計

調査されたトリップは，対象地域の交通問題の現況を定量的に検討するため，生成交通量，発生・集中交通量，分布交通量として集計され，年齢・目的などの階層別に交通生成，発生・集中，ゾーン間交通量などの実態が分析される。また利用手段については，年齢・性別・時刻別等に手段構成の実態が分析される。

〔*1*〕 **生成交通量**　**生成交通量**は，対象地域全域で行われるトリップの総計で，対象地域内の起終点は問わない。通勤・通学・業務などの交通目的別，農林漁業・生産工程・サービス業などの職業別，さらに性別・年齢別など階層別に集計され，それぞれの生成原単位などが検討される。

〔*2*〕 **発生・集中交通量**　対象地域内に起点を持つトリップをゾーンごとに集計したものを**発生交通量**，終点を持つトリップをゾーンごとに集計したものを**集中交通量**という。発生・集中交通量をゾーン別に比較するだけでなく，交通目的ごとに出発時刻別あるいは到着時刻別交通量，施設別，さらに手段構成などが検討される。

〔*3*〕 **分布交通量**　**分布交通量**は，トリップの起点ゾーンと終点ゾーンの組合せで集計したもので，**図 2.5** に示す正方行列型の OD 表にまとめられる。発生ゾーンは行に，集中ゾーンは列に配置される。OD 表の要素である t_{ij} がゾーン i-j 間の分布交通量であり，ゾーン i からゾーン j へ移動するトリップである。OD 表内の要素の行和が発生交通量，列和が集中交通量を示す。OD 表によって各 OD 間の流通の度合いを検討することができる。分布交通量

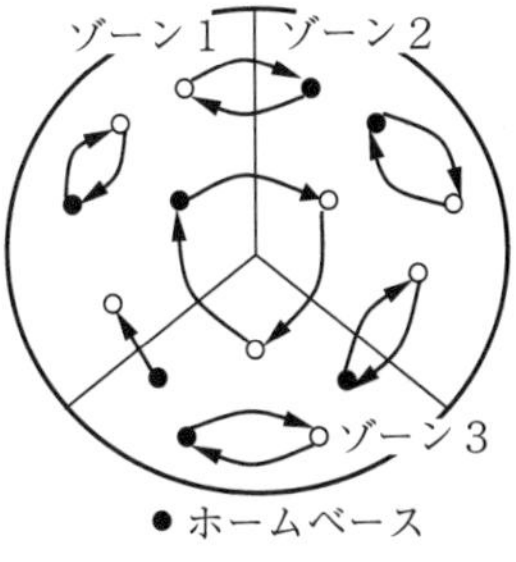

(*a*) 生成交通量：ゾーンにかかわらず，各トリップチェーンを集計する。
1×2+1×2+1×3+1×2+1×2+1×2+1=14

(*b*) 発生交通量：ゾーンごとに各トリップエンドからの発生トリップを集計する。
ゾーン 1：1×2+1+1=4
ゾーン 2：1+1×2+1+1=5
ゾーン 3：1+1+1×2+1=5

(*c*) OD 表

O ＼ D	1	2	3	計(発生交通量)
1	2	2	0	4
2	1	2	2	5
3	2	1	2	5
計(集中交通量)	5	5	4	14

図 2.5　トリップの集計方法

も目的別・手段別等に移動実態が検討される。以上のトリップの集計方法の例を図 **2.5** に示す。

2.2 交通需要推計

2.2.1 交通需要の段階的推計法

交通需要推計とは，計画年において，対象地域内に計画されている道路をはじめとする交通施設にどれだけの交通需要が生じるかを予測することであり，各交通施設が持つ交通容量が，将来の交通需要に十分対応できるかどうか検討するための重要な資料となる。

交通需要推計作業は，対象地域の範囲，ゾーニング，土地利用，さらに社会経済指標を前提条件として行われる。しかしながら，各交通施設に生じる交通需要を前提条件から一挙に予測することは難しいため，図 **2.6** に示すように段階的に推計作業が進められる。

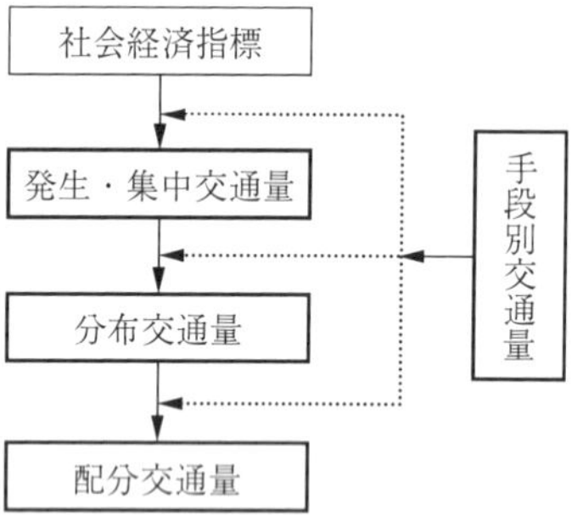

図 **2.6**　交通需要の 4 段階推計法

① 発生・集中交通量は，社会経済指標を説明変数として推計される。② 分布交通量は，①で推計された発生・集中交通量を前提条件とし，おもに交通条件を説明変数として推計される。③ 手段別交通量は，交通条件，移動コスト等を考慮してパーソントリップを各手段に振り分ける。あらかじめ手段別に振り分けるか，発生・集中交通量推計後，あるいは分布交通量推計後のいずれかで推計作業が行われる。④ 配分交通量は，作業 ②，③による手段別 OD 交通量を配分原則に従って交通網の各経路に割り振る。

2.2.2 発生・集中交通量の推計

発生・集中交通量推計は，一般的に生成交通量の推計，発生・集中交通量の推計，トータルコントロールの三つの作業から成っている。

〔*1*〕 **生成交通量の推計**　**生成交通量**（trip production）とは対象地域内で行われる各個人のトリップをすべて合計したものである。対象地域内の各ゾーンで行われるトリップは，ゾーンの持つ特性によって大きな影響を受ける。しかしながら対象地域全体で見た場合，1人当りの平均トリップ数を表す原単位は比較的安定している。したがって，生成交通量は地域全体のコントロールトータルとして推計される。調査日に外出した人のみ集計した場合を**ネット生成原単位**，外出しなかった人を含めて集計した場合を**グロス生成原単位**と呼ぶ。

生成交通量の推計には成長率法，原単位法および関数モデル法があるが，一般的には原単位法が用いられる場合が多い。原単位法は，ある社会経済指標の1単位が発生させる交通量は一定であるという考え方に基づき，1単位当りのトリップ生成原単位に，社会経済指標を乗じることで生成交通量を求める方法である。モデルは構造が単純で発生機構が明確に説明できるという特徴を持つ。推計に当たっては，つぎのように個人属性ごとに交通目的別の原単位を用いる場合が多い。

$$a_{kl}=\frac{T_{kl}}{N_l} \tag{2.1}$$

ここで，T_{kl} は目的 k，個人属性 l のトリップ数とすると，a_{kl} は目的 k，個人属性 l の生成原単位，N_l は個人属性 l の人口である。これらはPT調査より得られる。このようにして得られた原単位は，将来にわたり安定していることが求められる。**表 *2.2*** は長野都市圏PT調査における個人属性別目的別生成原単位の例である。

このように原単位が交通目的や職種別，または年齢・性別，自動車保有・非保有別など属性別に安定した原単位が用いられることを考慮し，生成交通量 T の推計式はつぎに示すとおり，階層別に表すのが一般的である。

$$T=\sum_{k=1}^{K}\sum_{l=1}^{L}a_{kl}N_l \tag{2.2}$$

表 2.2　個人属性別目的別生成原単位の例[7)†]

個人属性	通勤	通学	帰宅	業務	私事
男性，5～19 歳，就業者，免許有	0.766	0.000	0.902	0.340	0.203
男性，5～19 歳，就学者，免許無	0.000	0.975	1.105	0.001	0.241
男性，20～29 歳，就業者，免許有	0.825	0.000	1.004	0.697	0.228
男性，30～59 歳，就業者，免許有	0.782	0.000	1.028	0.782	0.260
⋮			⋮		
女性，5～29 歳，就業者，免許有	0.843	0.000	1.017	0.160	0.392
女性，5～19 歳，就学者，免許無	0.000	0.970	1.099	0.001	0.274
女性，30～59 歳，就業者，免許有	0.761	0.000	1.214	0.307	0.754
女性，30～59 歳，無職，免許有	0.000	0.000	1.125	0.020	1.525

〔注〕 第 2 回長野都市圏 PT 調査報告書からの一部抜粋

ここで，T：生成交通量，a_{kl}：例えば目的 k，個人属性 l の生成原単位，N_l：個人属性 l の人口である。例えば N_l が職種 l の人口であれば，別途推計された人口将来値を入力することで，将来の生成交通量を推計することができる。

〔***2***〕 **発生・集中交通量の推計**　　発生・集中交通量は，対象地域を構成するゾーンごとに検討される。発生交通量はあるゾーンから発生するトリップの起点（トリップエンド）数であり，集中交通量はあるゾーンに到着するトリップの終点（トリップエンド）数である。発生・集中交通量の推計には，原単位法と関数モデル法の二つの方法がある。モデルで用いられる指標は，トリップエンドのゾーン特性を考慮し，発生および集中交通量ごとに交通目的別の説明変数が検討される。

1） **原単位法**　　発生・集中交通量の推計に用いる原単位法は，***2.1.4*** 項〔***1***〕で示した原単位法による推計をゾーン単位で行うものである。したがって，ある社会経済指標 1 単位が発生させる交通量を示す原単位を求め，その原単位に将来の社会経済指標を乗じることで将来の発生交通量を推計する。集中交通量の推計にも別途，集中原単位を求めることになる。したがって，推計式は以下のとおりである。

† 肩付き数字は，巻末の引用・参考文献番号を表す。

$$G_i=\sum_{k=1}^{K}\sum_{l=1}^{L}a_{kl}Q_{il} \tag{2.3}$$

$$A_j=\sum_{k=1}^{K}\sum_{l=1}^{L}b_{kl}Q_{jl} \tag{2.4}$$

ここで，G_i：ゾーン i の発生交通量，A_j：ゾーン j の集中交通量，a_{kl}：目的 k，指標 l 番目の発生原単位，b_{kl}：目的 k，指標 l 番目の集中原単位，Q_{il}：ゾーン i の指標 l 番目の値，Q_{jl}：ゾーン j の指標 l 番目の値である。

原単位の求め方は，生成交通量で示したとおりである。原単位の種類は夜間人口，就業人口などの人口原単位のほか，土地利用・用途地域や施設の活動状況を示す面積原単位に大別できる。発生側，集中側それぞれのトリップエンドの特性と安定性を考慮した指標を説明変数として導入する。原単位を算出するための指標がゾーン単位で得られなかったり，すべてのゾーンに対して一定となる原単位を得ることは難しかったりするため，対象地域全域で得られた指標に基づいて，上式のように階層化した原単位を用いる場合もある。

2）**関数モデル法**　発生・集中交通量は，原単位法のように一つの指標だけで説明されるのではなく，さまざまな要因が影響していると考えられる。そこで，影響を及ぼすと考えられる複数の要因をすべて説明変数として導入し，発生・集中交通量を推計しようという考え方に基づいている。発生あるいは集中交通量を目的変数とし，トリップエンドのゾーン特性を考慮し，人口・用途別面積，自動車保有，商品販売額，工業出荷額などの複数の社会経済指標を説明変数とし，現況データを用いて重回帰分析によってモデル化される。推計式は以下のとおりである。

$$G_i=\alpha_0+\sum_{l=1}^{L}\alpha_l X_{il} \tag{2.5}$$

$$A_j=\beta_0+\sum_{l=1}^{L}\beta_l X_{jl} \tag{2.6}$$

ここで，X_{il}：ゾーン i の l 番目の発生指標，X_{jl}：ゾーン j の l 番目の集中指標，α_l：発生に関する l 番目（$l=0,1,2,\cdots,L$）の回帰係数，β_l：集中に関する l 番目（$l=0,1,2,\cdots,L$）の回帰係数である。発生・集中交通量に関する代表的な指標（説明変数）を**表 *2.3*** に示す。

表 2.3　発生・集中交通量に関する代表的な指標（説明変数）

トリップ目的	発生交通量の指標	集中交通量の指標
通　勤	就業者数，夜間人口	2次・3次従業者数
通　学	通学者数，夜間人口	就学者数，夜間人口
業　務	夜間人口，従業者数	夜間人口，従業者数
私　事	夜間人口，3次従業者数，昼間人口	夜間人口，3次従業者数，昼間人口
帰　宅	夜間人口，2次・3次就業者数	夜間人口

〔*3*〕 **トータルコントロール**　関数モデルで求められたゾーンごとの発生・集中交通量には誤差が含まれているため，その値を用いた対象地域内の総発生量は相当の誤差が含まれる可能性がある。そこで，すでに説明したとおり生成交通量は，地域全体のコントロールトータルとして，先に推定した生成交通量を用いて発生・集中交通量を修正する。これをトータルコントロールという。以下に示すとおり，発生交通量 G_i，集中交通量 A_j は，コントロールトータル T に基づく補正量 γ_G と γ_A を用いて，G_i' と A_j' のように修正される。補正係数 γ_G と γ_A は

$$\gamma_G=\frac{T}{\sum_{i=1}^{N}G_i},\qquad \gamma_A=\frac{T}{\sum_{j=1}^{N}A_j} \tag{2.7}$$

である。したがって，発生・集中交通量の修正は，式（*2.8*）のように行われる。

$$G_i'=\gamma_G G_i,\qquad A_j'=\gamma_A A_j \tag{2.8}$$

例題 *2.1*（発生・集中交通量の推計）　四段階推計法を適用し，三つのゾーンから成る対象地域の，将来の交通需要推計を行う。以下の手順に従って発生・集中交通量の推計を行え。

（1）　生成交通量（コントロールトータル）の推計

表 *2.4* のように，対象地域全域の現在の職種別人口〔人〕とそれぞれの通勤，業務，私事目的トリップ数〔トリップ/(人・日)〕が与えられている。目的別生成原単位を求めよ。また，別途推計されている将来の職種別人口を用

表 ***2.4*** 職種別目的別人口およびトリップ数

職種	現在の人口〔人〕	将来の人口〔人〕	現在の目的別トリップ数		
			通勤	業務	私事
経営者・管理職	4 000	5 000	3 400	4 100	3 000
事務・技術職	10 000	12 500	9 500	5 200	7 500
販売従業職	20 000	25 000	16 000	31 000	13 000
生産工程従事職	15 000	18 750	14 250	7 500	10 500
主婦	10 000	12 500	0	0	20 000

い，生成原単位は将来にわたり安定しているものとして，将来の目的別トリップ数を求めよ。

【目的別生成交通量推計の解答例】 現在の対象地域全域の職種別人口と目的別トリップ数が与えられているので，目的別生成原単位および将来の職種別目的別トリップ数は**表 *2.5*** のようになる。

表 ***2.5*** 将来の職種別目的別トリップ数

職種	目的別生成原単位〔トリップ/(人・日)〕			目的別トリップ数		
	通勤	業務	私事	通勤	業務	私事
経営者・管理職	0.850	1.025	0.750	4 250	5 125	3 750
事　務・技術職	0.950	0.520	0.750	11 875	6 500	9 375
販売従業職	0.800	1.550	0.650	20 000	38 750	16 250
生産工程従事職	0.950	0.500	0.700	17 812.5	9 375	13 125
主婦	0.000	0.000	2.000	0	0	25 000
目的別生成トリップ数				53 937.5	59 750	67 500

(計算例：経営者・管理職の通勤目的生成原単位は，3 400/4 000＝0.850 となるので，将来の経営者・管理職の通勤トリップは，0.850×5 000＝4 250 となる)

よって，対象地域の将来の通勤生成交通量は 53 938，業務生成交通量は 59 750，私事生成交通量は 67 500 となり，これらがコントロールトータルとなる。

（2） 各ゾーンの現在の社会経済指標および目的別発生・集中トリップ数が**表 *2.6*** のように与えられている。目的別発生・集中指標に従い，**表 *2.7*** と**表 *2.8*** を用いて関数モデルを作成せよ。また，作成した発生・集中トリップの関数モデルと別途推計されている**表 *2.7*** の将来の社会経済指標を用い，将来の目的別の発生・集中トリップ数（発生・集中交通量）を推計せよ。

表 2.6　目的別発生・集中トリップ指標

トリップ目的	発生トリップ指標〔人〕	集中トリップ指標〔人〕
通勤トリップ	居住人口（P）	総従業人口（E）
業務トリップ	総従業人口（E）	総従業人口（E）
私事トリップ	居住人口（P），総従業人口（E）	居住人口（P），総従業人口（E）

表 2.7　現在と将来の社会経済指標（居住人口と総従業人口）

ゾーン	現在値		将来値	
	居住人口〔人〕	総従業人口〔人〕	居住人口〔人〕	総従業人口〔人〕
1	25 000	10 000	31 250	12 500
2	20 000	14 000	25 000	17 500
3	14 000	20 000	17 500	25 000

表 2.8　現在の目的別発生・集中トリップ数

ゾーン	発生トリップ数			集中トリップ数		
	通勤	業務	私事	通勤	業務	私事
1	18 000	12 800	15 000	10 000	13 000	15 100
2	15 000	16 000	18 000	12 100	17 000	17 000
3	10 000	19 000	21 000	20 900	17 800	21 900

【通勤目的の関数モデルの解答例】　発生・集中指標より，居住人口 P_i と通勤目的発生トリップ数 G_{1i} の間には

$$G_{1i}=a_{11}+b_{11}\times P_i \qquad (i：ゾーンナンバー)$$

の関係があるので，それぞれの係数については最小二乗法を用いて求める。

$$\sum P_i G_{1i}=25\,000\times 18\,000+20\,000\times 15\,000+14\,000\times 10\,000=890\,000\,000$$

$$\sum P_i^2=25\,000^2+20\,000^2+14\,000^2=1.221\times 10^9$$

$$\bar{P}=19\,666.67, \qquad \bar{G}=14\,333.33$$

$$b_{11}=\frac{(1/3)\times 890\,000\,000-19\,666.67\times 14\,333.33}{(1/3)\times 1.221\times 10^9-19\,666.67^2}=0.730\,769$$

$$a_{11}=14\,333.33-0.730\,769\times 19\,666.67=-38.461\,538$$

となる。よって，発生トリップ数に関する関数モデルは以下のように表される。

$$G_{1i}=-38.461\,6\cdots+0.730\,8\cdots\times P_i$$

発生・集中トリップ指標より，総従業人口 E_i と通勤目的集中トリップ数 A_i の間には

$$A_{1i}=a_{12}+b_{12}\times E_i \qquad (i：ゾーンナンバー)$$

の関係があるので，それぞれの係数については最小二乗法を用いて求める。

$$\sum E_i A_{1i}=10\,000\times 10\,000+14\,000\times 12\,100+20\,000\times 20\,900=687\,400\,000$$

$$\sum E_i^2=10\,000^2+14\,000^2+20\,000^2=6.96\times 10^8$$

$$\bar{E}=14\,666.67,\qquad \bar{A}=14\,333.33$$

$$b_{12}=\frac{(1/3)\times 687\,400\,000-14\,666.67\times 14\,333.33}{(1/3)\times 6.96\times 10^8-14\,666.67^2}=1.119\,737$$

$$a_{12}=14\,333.33-1.119\,737\times 14\,666.67=-2\,089.473\,684$$

となる。よって，発生トリップ数に関する関数モデルは以下のように表される。

$$A_{1i}=-2\,089.473\,6\cdots+1.119\,7\cdots\times E_i$$

業務，私事目的の発生・集中トリップも同様にモデル化する。モデル結果一覧を**表 2.9** に示す。

表 2.9 発生・集中交通量予測モデル結果一覧

目　的	発生・集中	モデル式	重相関係数
通　勤	発　生	$G_{1i}=-38.461\,5+0.730\,769\times P_i$	0.996
	集　中	$A_{1i}=-2\,089.473\,7+1.119\,737\times E_i$	0.975
業　務	発　生	$G_{2i}=6\,978.947\,4+0.610\,526\times E_i$	0.991
	集　中	$A_{2i}=9\,294.736\,8+0.452\,632\times E_i$	0.886
私　事	発　生	$G_{3i}=0.259\,989\times P_i+0.878\,461\times E_i$	0.989
	集　中	$A_{3i}=0.221\,477\times P_i+0.930\,465\times E_i$	0.994

〔注〕 私事は説明変数パラメーターの符号の関係上，定数項を 0 とした。

以上，作成された発生・集中モデルを用いて，将来の各目的の発生・集中交通量を求める。説明変数には，居住人口と総従業人口の将来値を代入する。

例えば，通勤目的の発生交通量は以下のように計算することになる。

ゾーン 1：$-38.461\,5+0.730\,769\,2\times 31\,250=22\,798$

ゾーン 2：$-38.461\,5+0.730\,769\,2\times 25\,000=18\,231$

ゾーン 3：$-38.461\,5+0.730\,769\,2\times 17\,500=12\,750$

通勤目的の集中交通量は以下のように計算することになる。

ゾーン 1：$-2\,089.473\,7+1.119\,736\,8\times 12\,500=11\,907$

ゾーン 2：$-2\,089.473\,7+1.119\,736\,8\times 17\,500=17\,506$

ゾーン 3：$-2\,089.473\,7+1.119\,736\,8\times 25\,000=25\,904$

同様な方法で，業務，私事目的の発生・集中交通量を計算する。計算結果を**表 2.10** に示す。

（3） トータルコントロールによる発生・集中交通量の修正を行え。

表 2.10　将来の目的別発生・集中トリップ数（交通量）の推定値

ゾーン	発生トリップ数			集中トリップ数		
	通　勤	業　務	私　事	通　勤	業　務	私　事
1	22 798.075 9	14 610.526 2	19 105.416 3	11 907.236 4	14 952.631 8	18 551.965
2	18 230.768 4	17 663.157 7	21 872.792 8	17 505.920 4	17 215.789 8	21 820.061
3	12 749.999 4	22 242.104 9	26 511.336 5	25 903.946 4	20 610.526 8	27 137.474
計	53 778.843 7	54 515.788 7	67 489.545 5	55 317.103 2	52 778.948 4	67 509.5

【通勤目的トリップのトータルコントロールの解答】　ここで，対象地域全域での通勤目的の発生トリップ数は 53 779 トリップとなり，設問（1）の原単位法で推計した対象地域全域の 53 938 トリップ（通勤目的生成交通量）に一致しない。そこで，設問（1）で推計した対象地域全体の通勤の総トリップ数の方がより精度が高いと判断し，この 53 938 トリップをコントロールトータルとしてトータルコントロールを行う。

すなわち，最終的なゾーン別発生トリップ数はつぎのようにして求める。

$$\text{ゾーン 1 の発生トリップ数} = 22\,798 \times \frac{53\,938}{53\,779} = 22\,865$$

$$\text{ゾーン 2 の発生トリップ数} = 18\,231 \times \frac{53\,938}{53\,779} = 18\,285$$

$$\text{ゾーン 3 の発生トリップ数} = 12\,750 \times \frac{53\,938}{53\,779} = 12\,788$$

合計　53 938

ゾーン別集中トリップ数についても上と同様に，53 938 をコントロールトータルとしてトータルコントロールを行う。

$$\text{ゾーン 1 の集中トリップ数} = 11\,907 \times \frac{53\,938}{55\,317} = 11\,610$$

$$\text{ゾーン 2 の集中トリップ数} = 17\,506 \times \frac{53\,938}{55\,317} = 17\,070$$

$$\text{ゾーン 3 の集中トリップ数} = 25\,904 \times \frac{53\,938}{55\,317} = 25\,258$$

合計　53 938

業務目的，私事目的も同様に，それぞれの生成交通量をコントロールトータルとしてトータルコントロールを行う。トータルコントロールによって修正された発生・集中交通量をまとめた結果を**表 2.11** に示す。

表 2.11 トータルコントロール後の発生・集中交通量

ゾーン	発生交通量				集中交通量			
	通勤	業務	私事	全目的	通勤	業務	私事	全目的
1	22 865	16 013	19 108	57 987	11 610	16 928	18 549	47 087
2	18 285	19 359	21 876	59 520	17 070	19 490	21 817	58 376
3	12 788	24 378	26 515	63 681	25 258	23 333	27 134	75 724

2.2.3 分布交通量の推計

〔1〕 **分布交通量推計の概要**　ここでは，発生ゾーンから集中ゾーンへ移動するトリップ数を推計する。推計されたトリップ数は**図 2.5** に示される OD 表形式でまとめられる。OD 表は，行が発生ゾーン，列が集中ゾーン，行和が発生交通量，列和が集中交通量，各ゾーン間の移動トリップが**分布交通量**または **OD 交通量**と呼ばれる。分布交通量は，現在 OD 表と，前段階で推計された発生・集中交通量を制約条件（フレーム）として推計される。推計方法として，現在パターン法，重力モデル法，確率モデル法があるが，ここでは現在パターン法，重力モデル法について説明する。

〔2〕 **現在パターン法**　**現在パターン法**は次式のように現在の OD 交通量 $t_{ij}^{(0)}$ に将来の成長率 f を乗じることによって，将来の OD 交通量 t_{ij} を推計するという考え方に基づいている。

$$t_{ij} = t_{ij}^{(0)} \times f \tag{2.9}$$

したがって，現在 OD 交通量はすべてそろっている必要がある。成長率は基本的に，発生・集中交通量の将来値と現在値との比に基づいて算出されるために，交通施設整備によるゾーン間の移動時間短縮などの交通要因が直接考慮されていない。したがって，本手法の適用は，将来にわたり大規模な交通施設整備が行われない，または土地利用パターンが大きく変化しないような地区に限定される。成長率は 1）平均成長率法，2）デトロイト法，3）フレーター法の三つの方法が提案されている。以下は，各成長率の考え方について説明する。

1）**平均成長率法**　**平均成長率法**は，将来のゾーン i-j 間の分布交通量はゾーン i の交通発生成長率とゾーン j の交通集中成長率の平均値に比例して

成長する，との考え方に基づき，以下の成長率式が提案されている。

$$f=\frac{1}{2}(F_{gi}+F_{aj}) \tag{2.10}$$

ここで

$F_{gi}=\frac{G_i}{G_i^{(0)}}$：ゾーン i の発生交通の成長率

$F_{aj}=\frac{A_j}{A_j^{(0)}}$：ゾーン j の集中交通の成長率

G_i：将来のゾーン i の発生交通量，$G_i^{(0)}$：現在のゾーン i の発生交通量

A_j：将来のゾーン i の集中交通量，$A_j^{(0)}$：現在のゾーン i の集中交通量

2）**デトロイト法**（1956 年，J. D. Carol 提案）　デトロイト法による成長率は，将来のゾーン i-j 間の分布交通量はゾーン i の交通発生成長率とゾーン j の交通集中の全域に対する相対的な成長率に比例して成長する，との考え方に基づき，以下の成長率式が提案されている。

$$f=F_{gi}\cdot\frac{F_{aj}}{F} \tag{2.11}$$

ここで，$F=\sum_j A_j/\sum_j A_j^{(0)}$：対象地域全体の交通成長率である。

3）**フレーター法**（1954 年，T. J. Fratar 提案）　考え方は，発生側，集中側から見た，他のゾーンとの相対的な結び付きの強さを考慮し，以下の考え方に基づいた分布交通量の成長率が求められる。

a）まず**図 *2.7*** に示すように，発生側から分布交通量を考える。

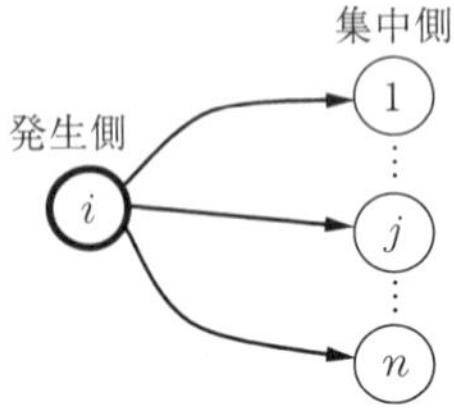

図 *2.7*　発生側から見たフレーター法の考え方

ｉ）現在の行先ゾーン別比率　ある発生ゾーン i に対するすべての集中ゾーン j の相対的な結び付きの強さを検討する。すなわちどこのゾーンに多く吸収されるかを式（*2.12*）のように，ゾーン i から発生した交通がゾーン j に吸収される割合で表す。

$$\frac{t_{ij}^{(0)}}{\sum_{j'} t_{ij'}^{(0)}} \tag{2.12}$$

ii）将来の行先ゾーン別比率　上記の考え方に基づき，将来のある発生ゾーン i に対するすべての集中ゾーン j の相対的な結び付きの強さを検討する。将来の行き先は，各ゾーンの集中成長率に比例するとして，将来どこのゾーンに多く吸収されるかを式（2.13）で表す。

$$\frac{t_{ij}^{(0)}F_{aj}}{\sum_{j'} t_{ij'}^{(0)}F_{aj'}} \tag{2.13}$$

iii）ゾーン i の将来の発生交通量　将来の発生交通量は，将来の発生交通の成長率に比例すると考えると，式（2.14）で表すことができる。

$$G_i^{(0)} \cdot F_{gi} \tag{2.14}$$

iv）ゾーン i からゾーン j へ行く将来の分布交通量　発生ゾーン i から見た，ゾーン j に吸収される将来の分布交通量は，将来の発生交通量と将来の行先ゾーン別比率によって表される。

$$t_{ij}(i) = G_i^{(0)} \cdot F_{gi} \cdot \frac{t_{ij}^{(0)}F_{aj}}{\sum_{j'} t_{ij'}^{(0)}F_{aj'}} = t_{ij}^{(0)} \cdot F_{gi} \cdot F_{aj} \cdot \frac{G_i^{(0)}}{\sum_{j'} t_{ij'}^{(0)}F_{aj'}} \tag{2.15}$$

b）つぎに**図 2.8** に示すように，集中側から分布交通量を考える。すなわち，ある特定の集中ゾーン j と発生ゾーン i（$=1,2,\cdots,n$）との結び付きを考える。

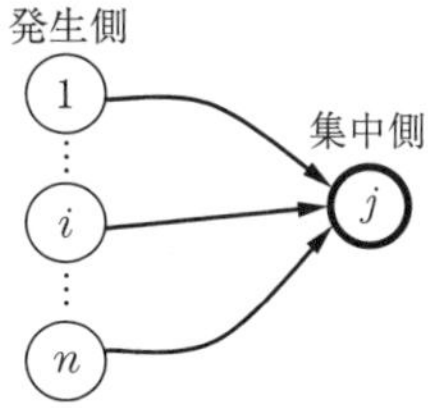

図 2.8　集中側から見たフレーター法の考え方

i）現在の発生ゾーン別比率　ある集中ゾーン j に対する各発生ゾーン i の相対的な結び付きの強さを検討する。すなわち，どこのゾーンから多く集まってくるかを，式（2.16）のようにゾーン j に吸収されるゾーン i からの発生割合で表す。

$$\frac{t_{ij}^{(0)}}{\sum_{i'} t_{i'j}^{(0)}} \tag{2.16}$$

ii）将来の発生ゾーン別比率　上記の考え方に基づき，将来の，ある集中ゾーン j に対する各発生ゾーン i の相対的な結び付きの強さを検討する。将来の発生量は，各ゾーンの発生成長率に比例するとして，将来どこのゾーンから多く集まってくるかを式（2.17）で表す。

$$\frac{t_{ij}^{(0)} F_{gi}}{\sum_{i'} t_{i'j}^{(0)} F_{gi'}} \tag{2.17}$$

iii）ゾーン j への将来の集中交通量　　将来の集中交通量は，将来の集中交通の成長率に比例すると考えると，以下の式で表すことができる。

$$A_j^{(0)} \cdot F_{aj} \tag{2.18}$$

iv）ゾーン i よりゾーン j へ来る将来の分布交通量　　集中ゾーン j から見た，ゾーン i から来る将来の分布交通量は，将来の集中交通量と将来の発生ゾーン別比率によって表される。

$$t_{ij}(j) = A_j^{(0)} \cdot F_{aj} \cdot \frac{t_{ij}^{(0)} F_{gi}}{\sum_{i'} t_{i'j}^{(0)} F_{gi'}} = t_{ij}^{(0)} \cdot F_{gi} \cdot F_{aj} \cdot \frac{A_j^{(0)}}{\sum_{i'} t_{i'j}^{(0)} F_{gi'}} \tag{2.19}$$

***c*）分布交通量の算定**　　ゾーン i-j 間の交通量 t_{ij} は，すでに求めた $t_{ij}(i)$ と $t_{ij}(j)$ の平均値で与えられると仮定し，以下のように表される。

$$t_{ij} = t_{ij}^{(0)} \cdot F_{gi} \cdot F_{aj} \cdot \left(\frac{L_i + L_j}{2}\right) \tag{2.20}$$

ここに

$$L_i = \frac{\sum_j t_{ij}^{(0)}}{\sum_j t_{ij}^{(0)} F_{aj}} = \frac{G_i^{(0)}}{\sum_j t_{ij}^{(0)} F_{aj}} \tag{2.21}$$

$$L_j = \frac{\sum_i t_{ij}^{(0)}}{\sum_i t_{ij}^{(0)} F_{gi}} = \frac{A_j^{(0)}}{\sum_i t_{ij}^{(0)} F_{gi}} \tag{2.22}$$

L は ***L* 係数**（location factor）と呼ばれている。

***4*）収束計算アルゴリズム**　　それぞれの方法で算出された分布交通量 t_{ij} による，各ゾーンの発生交通量 $\sum_j t_{ij}$ および集中交通量 $\sum_i t_{ij}$ は，前段階で得られているトータルコントロール後の修正された将来の発生交通量 G_i，集中交通量 A_j に必ずしも一致するとは限らない。そこで現在パターン法では，将来の発生・集中交通量に一致させるための収束計算を行う。ここでは，フレーター法を例に収束計算アルゴリズムを示す。

ステップ 0：計算回数 $k=1$

ステップ 1：各ゾーンの発生集中量とロケーションファクターの計算

$$F_{gi}{}^{(k)}=\frac{G_i}{G_i{}^{(k-1)}},\qquad F_{aj}{}^{(k)}=\frac{A_j}{A_j{}^{(k-1)}}$$

$$L_i{}^{(k)}=\frac{G_i{}^{(k-1)}}{\sum_j t_{ij}{}^{(k-1)}F_{aj}{}^{(k)}},\qquad L_j{}^{(k)}=\frac{A_j{}^{(k-1)}}{\sum_i t_{ij}{}^{(k-1)}F_{gi}{}^{(k)}}$$

ステップ2：収束判定

$$1-\varepsilon\leqq F_{gi}{}^{(k)}\leqq 1+\varepsilon,\quad 1-\varepsilon\leqq F_{aj}{}^{(k)}\leqq 1+\varepsilon,\quad 1-\varepsilon\leqq L_i{}^{(k)}\leqq 1+\varepsilon,$$
$$1-\varepsilon\leqq L_j{}^{(k)}\leqq 1+\varepsilon$$

のとき計算をストップする。そうでなければステップ3へ進む。

ステップ3：将来の分布交通量の計算

$$t_{ij}{}^{(k)}=t_{ij}{}^{(k-1)}\cdot F_{gi}{}^{(k)}\cdot F_{aj}{}^{(k)}\cdot\left(\frac{L_i{}^{(k)}+L_j{}^{(k)}}{2}\right)$$

ステップ4：ステップ3の計算結果に基づく将来の発生・集中交通量の計算

$$G_i{}^{(k)}=\sum_j t_{ij}{}^{(k)},\qquad A_j{}^{(k)}=\sum_i t_{ij}{}^{(k)}$$

ステップ5：$k=k+1$として，ステップ1へ進む。

ただし，$G_i{}^{(0)}$，$A_j{}^{(0)}$，$t_{ij}{}^{(0)}$は現在OD表の結果を用いる。また，ステップ1〜3では，それぞれの方法で提示された成長率を用いる。

〔3〕 重力モデル法

1）単純重力モデル　分布交通量は，活動ポテンシャルを表すゾーンiの発生交通量とゾーンjの集中交通量に比例し，移動距離抵抗を表すゾーン間距離に反比例すると仮定し，ニュートンの万有引力の法則を適用した以下の式で推計される。

$$t_{ij}=\frac{\kappa G_i{}^{\alpha}A_j{}^{\beta}}{R_{ij}{}^{\gamma}}\tag{2.23}$$

ここで，t_{ij}：ゾーンi-j間の分布交通量，G_i：ゾーンiの将来の発生交通量，A_j：ゾーンjの将来の集中交通量，R_{ij}：ゾーンi-j間の時間距離，α，β：ポテンシャル係数，γ：分布抵抗係数である。

ポテンシャル係数α，βは経験的に，0.5〜1.0の値をとることが多いことが知られている。そこで，$\alpha=\beta$あるいは$\alpha=\beta=0.5$，1.0とおくことがある。

a）$\boldsymbol{\alpha}$，$\boldsymbol{\beta}$，$\boldsymbol{\gamma}$，$\boldsymbol{\kappa}$の決定法　重力モデル式（2.23）の両辺の対数をと

ると，式（2.24）のような線形式になる。

$$\log t_{ij}=\log \kappa+\alpha \log G_i+\beta \log A_j-\gamma \log R_{ij} \tag{2.24}$$

式（2.24）において，t_{ij}，G_i，A_j は現在 OD 表のデータを，R_{ij} は現在時間距離表のデータを用い，重回帰分析を適用することでパラメーター α，β，γ，κ を求めることができる。すべての OD ペアの現況データがそろっていない場合でも，そろっているデータだけを用いて重回帰分析を行うことで，パラメーターを推計できる。

***b*）　収束計算アルゴリズム**　　重力モデルで算出された将来の分布交通量 t_{ij} による，各ゾーンの発生交通量 $\sum_j t_{ij}$ および集中交通量 $\sum_i t_{ij}$ は，現在パターン法と同様に前段階で得られているトータルコントロール後の修正された将来の発生交通量 G_i，集中交通量 A_j に必ずしも一致するとは限らない。そこで，重力モデルを用いる場合でも，将来の発生・集中交通量に一致させるために，現在パターン法を用いて収束計算を行う。

ステップ 1：重力モデルによる将来の OD 交通量推定

$$t_{ij}^{(1)}=\frac{\kappa G_i^{\alpha} A_j^{\beta}}{R_{ij}^{\gamma}}$$

ステップ 2：将来の発生・集中交通量の計算

$$G_i^{(1)}=\sum_j t_{ij}^{(1)}, \qquad A_j^{(1)}=\sum_i t_{ij}^{(1)}$$

以上の結果を用いて，収束計算に移る。

（収束計算）ここでは収束計算としてデトロイト法を用いた例を示す。

ステップ 0：計算回数 $k=1$

ステップ 1：各ゾーンの発生・集中交通量と対象地域全体の成長率の計算

$$F_{gi}^{(k+1)}=\frac{G_i}{G_i^{(k)}}, \quad F_{aj}^{(k+1)}=\frac{A_j}{A_j^{(k)}}, \quad F^{(k+1)}=\frac{\sum_j A_j}{\sum_j A_j^{(k)}}$$

ステップ 2：収束判定

$$1-\varepsilon \leqq F_{gi}^{(k+1)} \leqq 1+\varepsilon, \quad 1-\varepsilon \leqq F_{aj}^{(k+1)} \leqq 1+\varepsilon, \quad 1-\varepsilon \leqq F^{(k+1)} \leqq 1+\varepsilon$$

のとき計算をストップする。そうでなければステップ 3 へ進む。

ステップ 3：将来の OD 交通量の近似計算

$$t_{ij}^{(k+1)} = t_{ij}^{(k)} \cdot F_{gi}^{(k+1)} \cdot \frac{F_{aj}^{(k+1)}}{F^{(k+1)}}$$

ステップ4：将来の発生・集中交通量の計算

$$G_i^{(k+1)} = \sum_j t_{ij}^{(k+1)}, \qquad A_j^{(k+1)} = \sum_i t_{ij}^{(k+1)}$$

ステップ5：$k=k+1$として，ステップ1へ進む。

ただし，$G_i^{(1)}$，$A_j^{(1)}$，$t_{ij}^{(1)}$は重力モデルより得られる。現在OD表はパラメータ推定のときのみ用いる。

例題 2.2（重力モデル法を用いた分布交通量の推計） 現在OD表とOD間時間距離表がそれぞれ**表 2.12**，**表 2.13**のように与えられているとき，重力モデルを用いて分布交通量の推計を行え。

表 2.12 現在OD表

O＼D	1	2	3	計
1	20 000	11 000	14 800	45 800
2	8 000	25 000	16 000	49 000
3	10 100	10 100	29 800	50 000
計	38 100	46 100	60 600	144 800

表 2.13 OD間時間距離表〔分〕

O＼D	1	2	3
1	15	25	20
2	25	14	18
3	20	18	12

（1） 分布交通が以下に示す重力モデルに従うものとする。

$$t_{ij} = \kappa \frac{G_i \cdot A_j}{R_{ij}^{\gamma}}$$

以下の手順に従い，モデル式の係数κとγを求めて重力モデルを作成せよ。

（a） 重力モデルを線形式に変換せよ。

（b） 変換した線形式に基づき，係数を求めるためのデータを作成せよ。

（c） 設問（b）で作成したデータを用いて係数κとγを求め，作成した重力モデルを明記せよ。

【重力モデル作成の解答例】

（a） 重力モデルの両辺について自然対数lnをとると

$$\ln t_{ij} = \ln k + \ln(G_i \cdot A_j) - \gamma \ln R_{ij}$$

$$\ln t_{ij} - \ln(G_i \cdot A_j) = \ln k - \gamma \ln R_{ij}$$

これを $Y=a+bX$ とおくと，X，Y は，$Y_l=\ln t_{ij}-\ln(G_i\cdot A_j)$，$X_l=\ln R_{ij}$ である。

（b）与えられている現在 OD 表と OD 間時間距離表の各値を代入し X と Y の値を求めると，**表 2.14** のようになる。

表 2.14　OD 交通量および時間距離の ln 変換

i, j	1,1	1,2	1,3	2,1	2,2	2,3	3,1	3,2	3,3
l	1	2	3	4	5	6	7	8	9
X_l	2.708 05	3.218 88	2.995 73	3.218 88	2.639 057	2.890 37	2.995 73	2.890 37	2.484 907
Y_l	−11.376 5	−12.165	−12.141 7	−12.360 3	−11.411 5	−12.131 3	−12.147 5	−12.338 1	−11.529 6

（c）係数 a，b は最小二乗法を用いて

$$\sum_l X_l Y_l=2.708\,05\times(-11.376\,5)+3.218\,88\times(-12.165)+\cdots=-312.007$$

$$\sum_l X_l^2=(2.708\,1)^2+(3.218\,9)^2+\cdots=75.852\,57$$

$$\bar{X}=2.893\,553,\qquad \bar{Y}=-11.955\,7$$

$$b=\frac{(1/9)\times(-312.007)-2.893\,553\times(-11.955\,7)}{(1/9)\times 75.852\,57-2.893\,553^2}=-1.316\,538$$

$$a=-11.955\,7-(-1.316\,538)\times 2.893\,553=-8.146\,24$$

となる。κ と γ は $\ln\kappa=a$，$\gamma=-b$ なので

$$\ln\kappa=-8.146\,24$$

$$\kappa=0.000\,29$$

$$\gamma=-b=1.316\,538$$

となる。よって，重力モデルは次式のようになる。

$$t_{ij}=0.000\,29\times\frac{G_i\cdot A_j}{R_{ij}{}^{1.316\,538}}$$

（2）　前設問（1）で求めた重力モデルを用い，将来の分布交通量を求めよ。ただし，交通ネットワークは現状のままと仮定して，OD 間時間距離は**表 2.13** を用いること。収束計算はフレーター法を用いること（目標収束基準は $1\pm\varepsilon$ で，$\varepsilon=0.01$ とする）。

【分布交通量推計の解答例】　設問（1）で求めた重力モデルに，発生・集中交通量の将来推計値の**表 2.11** と OD 間時間距離を代入して，将来の OD 交通量の計算を行うと**表 2.15** のようになる。

(計算例：重力モデルによる OD 1，2 間の分布交通量は

$$t_{12}{}^{(1)}=\kappa\cdot G_i A_j/R_{ij}{}^{\gamma}=0.000\,29\times(57\,987.03\times 58\,375.97)/25^{1.316\,538}=14\,175)$$

〔フレーター法による収束計算〕

表 2.15 重力モデルによる将来の分布交通量推計値

O＼D	1	2	3	計
1	22 400.8	14 175.0	24 666.6	61 242.4
2	11 736.0	31 215.6	29 085.8	72 037.4
3	16 844.3	23 989.8	53 071.1	93 905.2
計	50 981.1	69 380.4	106 823.5	227 185.0

重力モデルにより得られた結果は，例題 *2.1* で求められた**表 *2.11*** の発生・集中交通量の推計値と一致していない。そこで上の結果に対してフレーター法を適用し，例題 *2.1* で求めた将来の発生・集中交通量と一致させる。

発生成長率 F_{gi}，集中成長率 F_{aj} および発生側 L_i，集中側 L_j は以下のとおりである。

$$F_{g1}{}^{(2)}=\frac{G_1}{G_1{}^{(1)}}=\frac{57\,987}{61\,242.4}=0.946\,8,\quad F_{g2}{}^{(2)}=\frac{G_2}{G_2{}^{(1)}}=\frac{59\,520}{72\,037.4}=0.826\,2,$$

$$F_{g3}{}^{(2)}=0.678\,1$$

$$F_{a1}{}^{(2)}=\frac{A_1}{A_1{}^{(1)}}=\frac{47\,087}{50\,981.1}=0.923\,6,\quad F_{a2}{}^{(2)}=\frac{A_2}{A_2{}^{(1)}}=\frac{58\,376}{69\,380.4}=0.841\,4,$$

$$F_{a3}{}^{(2)}=0.708\,9$$

$$L_1{}^{(2)}=\frac{G_1{}^{(1)}}{\sum_j t_{1j}{}^{(1)}F_{aj}{}^{(2)}}$$

$$=\frac{61\,242.4}{22\,400.8\times0.923\,6+14\,175.0\times0.841\,4+24\,666.6\times0.708\,9}=1.222\,4$$

同様にして，$L_2{}^{(2)}=1.248\,0$，$L_3{}^{(2)}=1.280\,0$ となる。

$$\boldsymbol{L}_1{}^{(2)}=\frac{A_1{}^{(1)}}{\sum_i t_{i1}{}^{(1)}F_{gi}{}^{(2)}}$$

$$=\frac{50\,981.1}{22\,400.8\times0.946\,8+11\,736.0\times0.826\,2+16\,844.3\times0.678\,1}=1.204\,4$$

同様にして，$\boldsymbol{L}_2{}^{(2)}=1.250\,5$，$\boldsymbol{L}_3{}^{(2)}=1.281\,2$ となる。

成長率および L 係数の結果，収束計算が必要であることがわかる。算出した成長率および L 係数に基づき，フレーター法によって分布交通量の計算を行う。計算結果は**表 *2.16*** のとおりである。

(計算例：フレーター法による第 1 回目の OD 1，2 間の分布交通量は

$$t_{12}{}^{(2)}=t_{12}{}^{(1)}\cdot F_{g1}{}^{(2)}\cdot F_{a2}{}^{(2)}\cdot\{L_1{}^{(2)}+\boldsymbol{L}_2{}^{(2)}\}/2$$

$$=14\,175.0\times0.946\,8\times0.841\,4\times\{1.204\,4+1.250\,5\}/2=13\,962.7)$$

以下，同様の計算を収束するまで繰り返す。フレーター法による 1 回目の分布交

表 2.16　フレーター法による1回目の分布交通量推計値

O＼D	1	2	3	計
1	23 770.0	13 962.7	20 724.6	58 457.3
2	10 981.9	27 109.7	21 543.1	59 634.7
3	13 105.5	17 319.0	32 670.9	63 095.4
計	47 857.4	58 391.4	74 938.6	181 187.4

通量推計値を用い，発生成長率 F_{gi}，集中成長率 F_{aj} および発生側 L_i，集中側 L_j は以下のとおりである。

$$F_{g1}{}^{(3)}=\frac{G_1}{G_1{}^{(2)}}=\frac{57\,987}{58\,457.3}=0.992\,0,\quad F_{g2}{}^{(3)}=0.998\,1,\quad F_{g3}{}^{(3)}=1.009\,3$$

$$F_{a1}{}^{(3)}=\frac{A_1}{A_1{}^{(2)}}=\frac{47\,087}{47\,857.4}=0.983\,9,\quad F_{a2}{}^{(3)}=0.999\,7,\quad F_{a3}{}^{(3)}=1.010\,5$$

$$L_1{}^{(3)}=\frac{G_1{}^{(2)}}{\sum_j t_{1j}{}^{(2)}F_{aj}{}^{(3)}}$$

$$=\frac{58\,457.3}{23\,770.0\times0.983\,9+13\,962.7\times0.999\,7+20\,724.6\times1.010\,5}=1.002\,9$$

同様にして，$L_2{}^{(3)}=0.999\,3$，$L_3{}^{(3)}=0.998\,0$

$$\boldsymbol{L}_1{}^{(3)}=\frac{A_1{}^{(2)}}{\sum_i t_{i1}{}^{(2)}F_{gi}{}^{(3)}}$$

$$=\frac{47\,857.4}{23\,770.0\times0.992\,0+10\,981.9\times0.998\,1+13\,105.5\times1.009\,3}=1.001\,9$$

同様にして，$\boldsymbol{L}_2{}^{(3)}=1.000\,0$，$\boldsymbol{L}_3{}^{(3)}=0.998\,7$

成長率および L 係数の結果，収束計算が必要であることがわかる。算出した成長率および L 係数に基づき，フレーター法によって分布交通量の計算を行う。計算結果は**表 2.17** のとおりである。

(計算例：フレーター法による第2回目の OD 1，2 間の分布交通量は

表 2.17　フレーター法による2回目の分布交通量推計値

O＼D	1	2	3	計
1	23 255.0	13 867.2	20 790.4	57 912.6
2	10 790.8	27 041.7	21 705.7	59 538.2
3	13 013.5	17 458.1	33 265.2	63 736.8
計	47 059.3	58 367.0	75 761.3	181 187.6

$$t_{12}^{(2)}=t_{12}^{(1)}\cdot F_{g1}^{(2)}\times F_{a2}^{(2)}\cdot\{L_1^{(2)}+\boldsymbol{L}_2^{(2)}\}/2$$
$$=13\,962.7\times 0.992\,0\times 0.999\,7\times\{1.002\,9+1.000\,0\}/2=13\,867.2)$$

フレーター法による2回目の分布交通量推計値を用い，発生成長率 F_{gi}，集中成長率 F_{aj} および発生側 L_i，集中側 $\boldsymbol{L}_j$ は以下のとおりである。

$F_{g1}^{(4)}=1.001\,3$,　$F_{g2}^{(4)}=0.999\,7$,　$F_{g3}^{(4)}=0.999\,1$

$F_{a1}^{(4)}=1.000\,6$,　$F_{a2}^{(4)}=1.000\,2$,　$F_{a3}^{(4)}=0.999\,5$

$L_1^{(4)}=0.999\,9$,　$L_2^{(4)}=1.000\,0$,　$L_3^{(4)}=1.000\,1$

$\boldsymbol{L}_1^{(4)}=0.999\,7$,　$\boldsymbol{L}_2^{(4)}=1.000\,1$,　$\boldsymbol{L}_3^{(4)}=1.000\,1$

以上より，目標収束基準である1±0.01以内に入っている。よって，**表 *2.17*** に示した2回目の分布交通量の推計値が，収束した将来の分布交通量の推計値となる。

本例題では，トリップが同一起終点内で行われる内々交通量 t_{ii} の予測に重力モデルを用いた例を示したが，同一ゾーン内の移動時間などの分布抵抗が設定し難い場合には，内々交通量の予測を別途行うことになる。内々交通量はゾーン内の土地利用が変わらなければ，発生・集中交通量に占める内々交通量の割合の変化は少ないと考え，交通目的別に内々率を発生・集中交通量に乗じて，内々交通量を算出する方法がある。

2）**修正重力モデル**　単純重力モデルの欠点を改良したモデル構築が行われ，それらは修正重力モデルと総称された。修正重力モデルは，おもにモデルによって計算された発生量 $\sum_j t_{ij}$ と，すでに前段階で推計されているトータルコントロール後の将来の発生交通量 G_i の一致を目指したモデル構築が行われている。以下，Voorhees型修正重力モデルと米国道路局（B.P.R.）モデルを紹介する。ゾーン間距離は，さまざまな要因を考慮できるように一般的な関数 $f(R_{ij})$ を用いる。また，発生・集中交通量のポテンシャル係数は，$\alpha=\beta=1.0$ とする。

a）**A. M. Voorhees 型修正重力モデル**　ゾーン間距離に一般的な関数を用いると，式（*2.23*）で示した単純重力モデルは式（*2.25*）のとおりとなる。

$$t_{ij}=\kappa\cdot G_i\cdot A_j\cdot f(R_{ij}) \tag{2.25}$$

つぎに，式（*2.25*）のモデルによる発生交通量 $\sum_j t_{ij}$ と，与件の将来発生交

通量 G_i の一致を考える。

$$G_i=\sum_j t_{ij}=\sum_j \kappa\cdot G_i\cdot A_j\cdot f(R_{ij})=\kappa\cdot G_i\sum_j A_j\cdot f(R_{ij}) \tag{2.26}$$

ここで，右辺のモデルによる発生交通量と左辺の与件の発生交通量が一致しているとき，κ は式（2.27）のようになる。

$$\kappa=\frac{1}{\sum_j A_j\cdot f(R_{ij})} \tag{2.27}$$

この κ を重力モデル式に代入すると，分布交通量式は式（2.28）のようになる。

$$t_{ij}=G_i\cdot\frac{A_j\cdot f(R_{ij})}{\sum_j A_j\cdot f(R_{ij})} \tag{2.28}$$

***b*）米国道路局（B.P.R.）モデル**　　分布交通量の実測値 t_{ij} と Voorhees 型修正重力モデルによる理論値 t_{ij}' の一般的な関係は式（2.29）のように一致しない。

$$t_{ij}\neq t_{ij}'=G_i\cdot\frac{A_j\cdot f(R_{ij})}{\sum_j A_j\cdot f(R_{ij})} \tag{2.29}$$

そこで，つぎに示すようにゾーン i-j 間の調整係数 K_{ij} を導入することで実測値と理論値を一致させることを考える。

$$t_{ij}=t_{ij}'\cdot K_{ij}=G_i\cdot\frac{A_j\cdot f(R_{ij})}{\sum_j A_j\cdot f(R_{ij})}\cdot K_{ij} \tag{2.30}$$

つぎに，式（2.30）の修正重力モデルによる発生交通量 $\sum_j t_{ij}$ と，与件の将来発生交通量 G_i の一致を考える。

$$G_i=\sum_j t_{ij}=\sum_j G_i\cdot\frac{A_j\cdot f(R_{ij})}{\sum_j A_j\cdot f(R_{ij})}\cdot K_{ij}=G_i\cdot\frac{\sum_j A_j\cdot f(R_{ij})\cdot K_{ij}}{\sum_j A_j\cdot f(R_{ij})} \tag{2.31}$$

式（2.31）より，修正重力モデル $\sum_j t_{ij}$ と，与件の G_i が一致する場合，式（2.31）は

$$\sum_j A_j\cdot f(R_{ij})=\sum_j A_j\cdot f(R_{ij})K_{ij} \tag{2.32}$$

となる。よって求める分布交通量式は，式（2.32）を式（2.31）に代入することで式（2.33）が得られる。

$$t_{ij}=G_i\cdot\frac{A_j\cdot f(R_{ij})\cdot K_{ij}}{\sum_j A_j\cdot f(R_{ij})\cdot K_{ij}} \tag{2.33}$$

ここで K_{ij} は，① まず $K_{ij}=1$ とおき，式（2.33）の右辺の値を求める。② つぎに①で得られた右辺の値で左辺の実測値 t_{ij} を除した値を K_{ij} とする。

ただし，修正重力モデルでは $\sum_i t_{ij}=A_j$ の条件は満たしていない。そこで，以下に示す収束計算を行う。

ステップ 1：計算回数 $k=1$

ステップ 2：$A_j^{(k-1)}=A_j$

ステップ 3：修正重力モデルによる将来の OD 交通量の推計

$$t_{ij}^{(k)}=G_i\cdot\frac{A_j^{(k-1)}\cdot f(R_{ij})\cdot K_{ij}}{\sum_j A_j^{(k-1)}\cdot f(R_{ij})\cdot K_{ij}}$$

ステップ 4：将来の発生・集中交通量の計算

$$G_i^{(k)}=\sum_j t_{ij}^{(k)}, \qquad A_j^{(k)}=\sum_i t_{ij}^{(k)}$$

ステップ 5：収束判定

$$\theta_j^{(k)}=\frac{A_j}{A_j^{(k)}}$$

$\theta_j^{(k)}\fallingdotseq 1$ のとき計算をストップする。そうでなければステップ 6 へ進む。

ステップ 6：集中交通量の修正

$$A_j^{(k)}=\theta_j^{(k)}A_j$$

ステップ 7：$k=k+1$ としてステップ 3 へ進む。

2.2.4　手段別交通量の推計

〔1〕 手段別交通量の必要性とモデル　　パーソントリップ調査に基づいて推計された発生・集中交通量や分布交通量などの交通需要量は，すべての交通手段が含まれている。しかしながら，交通施策の立案や交通施設計画を検討するためには，交通手段ごとの行動を把握しておかなければならないため，交通需要の段階推計のどこかでトリップを手段別に分ける作業が必要となる。手段

別にトリップを分ける作業は，交通特性を説明要因とした分担率と呼ばれる交通手段選択率を求めることである。

前述の**図 *2.6*** に示したように，段階推計法の中で手段別に分ける作業が組み込まれる段階は大きく三つある。それぞれ組み込まれる段階によって手段別推計のモデル型は異なるため，以下のような名称が付けられている。

***1*）　全域モデル**　　発生・集中交通量の推定前に手段別に分ける作業であり，生成交通量を用いて対象地域全体の交通手段分担率を求めるモデルである。説明要因には必然的に，対象区域全域に関連する人口や都市の規模，自動車保有台数などが用いられ，マクロな手段分担状況の検討に用いられる。

***2*）　トリップエンドモデル**　　発生・集中交通量の推計後に手段別に分ける作業であり，発着ゾーン，すなわちトリップエンドの特性を考慮して交通手段分担率を求めるモデルである。説明変数は各ゾーンの自動車保有率，用途地域の種別，居住人口密度，都心からの距離，アクセシビリティなどが用いられる。本手法はODペア間の交通サービスを考慮することができない。

***3*）　トリップインターチェンジモデル**　　分布交通量の推定後に，ODごとに交通手段別に分ける作業であり，各ゾーン間の特性を考慮して交通手段分担率を求めるモデルである。各手段の所要時間や移動コストなどODペア間のトリップ特性を考慮できるため，最も交通施策を反映できるモデルである。ODペアモデルとも呼ばれる。

〔*2*〕　**説 明 要 因**　　手段選択に影響する説明要因は個人属性，交通特性，手段固有の特性などがあり，各特性における具体的要因を**表 *2.18*** に示す。

表 *2.18*　手段選択の説明要因

	具体的要因
個人属性	職種，年齢，性別，所得，免許の有無，自動車保有の有無，荷物の有無，同伴者の有無，家族構成
トリップおよび交通サービス特性	トリップ目的，トリップ長，トリップ時間帯，各手段所要時間，各手段費用，待ち時間，運行頻度，乗換え回数
地域特性，その他	人口規模，駐車場の有無，駐車コスト，住宅位置，地形，ゾーン固有の利便性，ゾーンへの集中量，CBDまでの距離，天候

上記の要因のほかに，トリップエンドモデルで示したアクセシビリティとは，あるゾーンから他のすべてのゾーンへの到達しやすさの指標で，一般的に以下の式で示される。

$$a_i=\sum_j \frac{V_j}{R_{ij}{}^{\gamma}} \tag{2.34}$$

ここで，a_i はゾーン i のアクセシビリティ，V_j はゾーン j の集客ポテンシャルでよく集中交通量が用いられる。R_{ij} はゾーン i-j 間の所要時間，γ は移動抵抗係数である。

このほか，大量輸送機関利用旅行時間を自動車利用旅行時間で除すことなどで表される旅行時間比なども手段選択の説明要因として使われている。

〔*3*〕 **交通手段の分担手順**　交通量を各手段に分担していく手順は，二つの交通手段を組み合わせて段階的に利用手段を推定していく**バイナリーチョイス法**と，全交通手段を一括して，各利用手段を分担してしまう**マルチチョイス法**の二つの方法がある。以下，**図 *2.9*** にバイナリーチョイス法の分担プロセス例を示す。

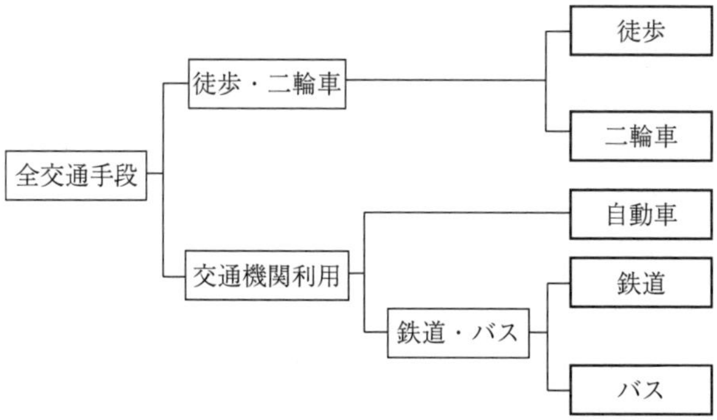

図 *2.9* バイナリーチョイス法の分担プロセス例

〔*4*〕 **分担率の算定方法**　上記で示した各モデルでは，分担率に基づいて交通量を手段別に分けることになる。分担率の算定にはさまざまな手法が提案されていて，最近では個人の好みなど個人の知覚のばらつきを説明できる非集計型モデルを導入する例もあるが，ここでは多くの実績がある選択率曲線モデル法と関数モデル法を示す。非集計モデルについては後節でふれる。

1）　**選択率曲線モデル法**　　手段分担率が一つの主要因に従っていることが明らかな場合に適用される手法である。ある手段の選択主要因の特性値を横軸にとり，縦軸は，主要因の特性値に対応する分担率をPT調査結果に基づいて集計し，グラフにプロットする。プロットされた分布に最も適合する曲線を描く。このようにして描かれたトリップインターチェンジモデルにおけるバイナリーチョイス法とマルチチョイス法の選択率曲線の例を**図 *2.10*** に示す。

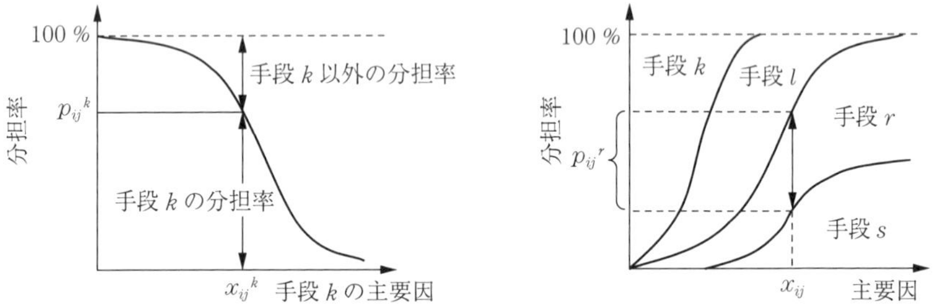

（a）　バイナリーチョイス法　　　　（b）　マルチチョイス法

図 *2.10*　選択率曲線の例

トリップインターチェンジモデルにおいてバイナリーチョイス法を適用する場合を示すと，図（a）のあるOD（i-j）間の分担主要因 $x_{ij}{}^k$ に対応する分担率 $p_{ij}{}^k$ を選択率曲線から読み取る。OD交通量 t_{ij} が与えられると，手段 k と手段 k 以外のOD交通量 $t_{ij}{}^k$，$t_{ij}{}^{k'}$ は以下のように求められる。

$$t_{ij}{}^k = p_{ij}{}^k \cdot t_{ij} \tag{2.35}$$

$$t_{ij}{}^{k'} = (1 - p_{ij}{}^k) \cdot t_{ij} \tag{2.36}$$

つぎに，手段 k 以外のOD交通量を手段 l と手段 l 以外に分ける。OD（i-j）間の手段 l の分担主要因に対応する分担率 $p_{ij}{}^l$ を選択率曲線から読み取る。よって，手段 l のOD交通量 $t_{ij}{}^l$ は式（*2.37*）のとおりである。

$$t_{ij}{}^l = p_{ij}{}^l \cdot t_{ij}{}^{k'} \tag{2.37}$$

マルチチョイス法では，図（b）のOD（i-j）間の分担主要因の値に対応する各手段の分担率 $p_{ij}{}^k$，$p_{ij}{}^l$，…を曲線から読み取り，それぞれをOD交通量 t_{ij} に乗じることによって，各手段の交通量 $t_{ij}{}^k$，$t_{ij}{}^l$，…を求めることになる。

選択率曲線モデル法の利点として，分担率の合計は100％であり扱いやすいこと，構造が簡単で理解しやすいことなどが挙げられる。反面，選択率を規定する要因が一つで説明力が十分でない点が欠点となる。

2）**関数モデル法**　多くの要因を用いて手段選択を説明できる方法で，線形式モデルは式（*2.38*）で示される。

$$p_{ij}{}^k = a_0 + a_1 x_{ij}{}^1 + a_2 x_{ij}{}^2 + \cdots \qquad (2.38)$$

ここで，$p_{ij}{}^k$ はOD（i-j）間の手段 k の分担率で，PT調査を集計することで得られる。また，要因 $x_{ij}{}^m$ は所要時間や料金などで分担率に影響する要因である。モデル式のパラメーター a_m は重回帰分析を適用して求める。属性などの定性的な変数を用いる場合は，数量化理論Ⅰ類が用いられる。ただし，あるOD（i-j）間の手段選択率の合計は

$$\sum_k p_{ij}{}^k = 1.0 \qquad (2.39)$$

となるように修正する必要がある。修正する必要がない関数モデル式として式（*2.40*）のようなモデル形も提案されている。

$$\left.\begin{aligned} p &= ae^{-bx} \\ p &= 1 - \frac{K}{1 + me^{-ax}} \\ p &= ab^{-x} \end{aligned}\right\} \qquad (2.40)$$

しかしながら上式は，いずれも説明要因が一つである。関数モデルの利点は説明要因を多数取り入れることであり，その点では多変量関数形とするのが関数モデル法を導入する目的に合っている。

このほか，最近では***2.3***節で示す非集計型ロジットモデルを用いたモデルの提案が行われている。

例題 ***2.3***（**手段別交通量の推計**）　パーソントリップ調査によって得られた各OD間の大量輸送機関分担率 p と，大量輸送機関と自動車利用の旅行時間比 x との関係を表す選択率曲線が，**図** ***2.11*** のように与えられている。なお，この選択率曲線は $p = 0.9238 \times \exp(-0.5531x)$ として与えられている。

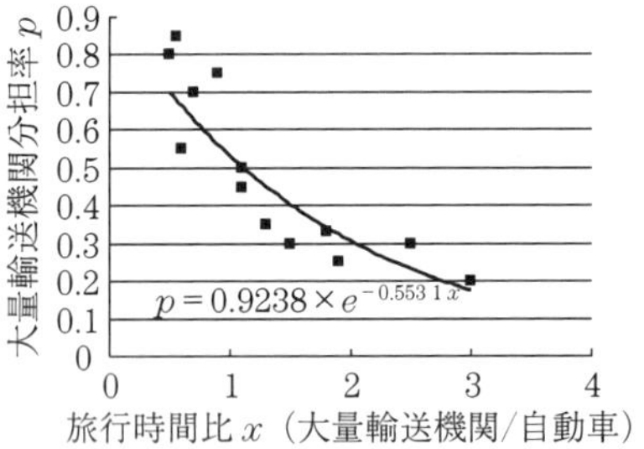

図 ***2.11***　選択率曲線図

この対象区域の利用手段は，自動車と大量輸送機関で構成されていると仮定して，前段階で推計された分布交通量について，選択率曲線を用いて各手段別の OD 表を完成させよ。なお，各 OD 間の大量輸送機関と自動車利用の将来の旅行時間が**表 *2.19***，**表 *2.20*** のように与えられているとする。

表 *2.19*　各 OD 間の大量輸送機関利用の将来の旅行時間〔分〕

O＼D	1	2	3
1	17	22	19
2	22	16	19
3	19	19	12

表 *2.20*　各 OD 間の自動車利用の将来の旅行時間〔分〕

O＼D	1	2	3
1	13	28	21
2	28	12	17
3	21	17	12

【手段別交通量推計の解答例】

まず，**表 *2.19***，**表 *2.20*** より，各 OD 間の旅行時間比（公共交通機関旅行時間/自動車旅行時間）を計算すると，**表 *2.21*** に示すとおりとなる。

表 *2.21*　各 OD 間の旅行時間比

O＼D	1	2	3
1	1.307 7	0.785 7	0.904 8
2	0.785 7	1.333 3	1.117 6
3	0.904 8	1.117 6	1.000 0

（計算例：OD（1-2）間の旅行時間比は上の定義より，22/28≒0.785 7 となる）

各ゾーンの旅行時間比を大量輸送機関選択率曲線に代入することにより，大量輸送機関利用率と自動車利用率を求めると**表 *2.22***，**表 *2.23*** のようになる。

表 2.22 大量輸送機関分担率

O＼D	1	2	3
1	0.448 2	0.598 2	0.560 1
2	0.598 2	0.441 9	0.497 9
3	0.560 1	0.497 9	0.531 3

表 2.23 自動車分担率

O＼D	1	2	3
1	0.551 8	0.401 8	0.439 9
2	0.401 8	0.558 1	0.502 1
3	0.439 9	0.502 1	0.468 7

(計算例：OD (1-2) 間の旅行時間比は 0.785 7 なので，選択率曲線式によって大量輸送機関分担率は

$$p_{12}=0.923\,8\times\exp(-0.553\,1\times0.785\,7)=0.598\,2$$

である。本対象区域の利用手段は，大量輸送機関と自動車から構成されていると仮定しているので，OD (1-2) 間の自動車分担率は 1.0−0.598 2=0.401 8 となる)

以上，算出された大量輸送機関分担率および自動車分担率を将来の OD 交通量に乗ずると，将来の大量輸送機関および自動車 OD 交通量が求められる。将来の前段階で行った OD 交通量の推計値を用いると，各手段別の OD 交通量として，**表 2.24**，**表 2.25** の結果が得られる。

表 2.24 大量輸送機関の OD 交通量

O＼D	1	2	3	計
1	10 422.6	8 295.3	11 644.2	30 362.1
2	6 455.0	11 949.1	10 806.5	29 210.6
3	7 288.5	8 691.7	17 675.0	33 655.2
計	24 166.1	28 936.1	40 125.7	93 277.9

表 2.25 自動車の OD 交通量

O＼D	1	2	3	計
1	12 832.4	5 571.9	9 146.2	27 550.5
2	4 335.8	15 092.6	10 899.2	30 327.6
3	5 725.0	8 766.4	15 590.2	30 081.6
計	22 893.2	29 430.9	35 635.6	87 959.7

(計算例：前段階で行った OD (1-2) 間の分布交通量の推計値は 13 802.9 なので，大量輸送機関による OD (1-2) 間の OD 交通量は，13 867.2×0.598 2≒8 295.4 となる。同様に，自動車による OD (1-2) 間の OD 交通量は，13 867.2×0.401 8≒5 571.8 となる)

2.2.5 配分交通量の推計

〔1〕 配分交通量の意義 配分交通量の推計とは，前項までで推計された手段別 OD 交通が対象区域内の，各起終点間を結ぶ利用可能な経路を，どのように利用するかを明らかにすることであり，経路を構成する各区間に生じる交通量を求めることである。推計された区間交通量は，目標年次における各区間

の交通容量と比較することで，将来必要な各交通施設量を検討し，渋滞などの交通問題を起こすことのない交通路線網の形成を検討する資料となる。

〔*2*〕 **交通路線網の構成**　OD 交通量を配分するための，交通路線網の構成図を**図 *2.12*** に示す。路線の最小単位はリンクであり，道路では道路区間に当たる。リンクとリンクはノードと呼ばれる点で結ばれる。ノードで結合されたリンクによって各 OD が結ばれる。OD を結ぶリンクの集合を**ルート**あるいは**経路**と呼ぶ。リンクには，長さと交通容量が与えられる。ノードには容量は設けない。ノードには OD 交通の起終点となるものがあり，それを**セントロイド**と呼ぶ。なお，配分交通量の推計を効率的に行うため，交通路線網は，省略可能な細部のリンクを省いて構築されるのが一般的である。

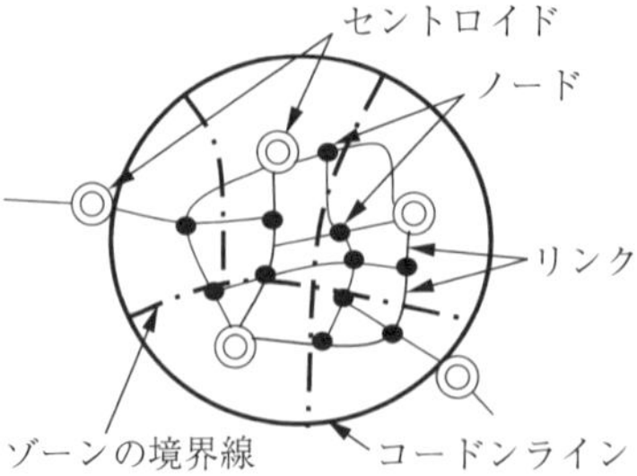

図 *2.12*　交通路線網の構成図

〔*3*〕 **配分原則と最短経路**　一般的にドライバーなどの交通者は選択可能な経路のうち，最も短い経路を選ぶと考えられる。したがって，OD 交通量は対象となる利用可能なルートのうち，最も短いルートに配分されることになる。ただし，配分を行うに当たり，リンクに流れる交通フローの大きさによって OD 間の所要時間が変化するかしないかを考慮しなければならない。目的地までの所要時間は，道路の持つ交通容量制約に対する交通フローの大きさ，すなわち混雑状況によって変化するので，**FD**（flow dependent）**流**と呼ばれる。鉄道のように利用者数によって所要時間が変化しないものは **FID**（flow independent）**流**と呼ばれる。FD 流については，リンクに割り振られる交通量によって所要時間が変化するので，OD 交通量を単純に一括して短いルートに割り振れない。このような FD 流に対して，つぎに示す配分原則が提示されている。

1） **等時間配分原理あるいは利用者最適配分**　**利用者最適配分**（user optimal flow）は，「OD 間に存在する利用可能な経路のうち，実際に利用される経路についてはその所要時間は皆等しく，利用されないどの経路の所要時間

よりも小さい」とされるもので，1952年にJ. G. Wordropによって提示された配分原則であり，**ワードロップの第1原理**とも呼ばれる。ドライバーが一般的な経路選択を行った場合の配分原理であり，通常，交通需要推計ではこの配分原理に従い配分交通量の計算が行われる。

2）**総走行時間最小化配分原理**　**総走行時間最小化配分原理**（system optimal flow）は，「ネットワーク中の全配分交通の総走行時間は最小である」とされる原理で，**ワードロップの第2原理**とも呼ばれる。各ドライバーがそれぞれ走行時間を最小にするような経路選択行動を行っても，個々の走行時間をトータルした総走行時間は必ずしも最小になるとは限らない。道路計画の立場からは，総走行時間が最小，すなわち混雑が最小になるように交通施設が利用されるのが理想であり，本原理は道路管理者側の配分原理といえる。

3）**時間比配分原則**　**時間比配分原則**（user optimizing stochastic assignment）は，「OD間の所要時間の短い経路ほど選択される確率が高くなる」とされる原則で，ドライバーは最短経路のみを利用するのではなく，2番目，3番目に短い経路も選択されるとする原則である。ワードロップが提示した配分原則が経路交通に関して完全情報下でのドライバーの意思決定を表したのに対し，本原則は，交通状況に対して情報が不完全であるとともに，交通コスト，安全性や習慣なども潜在的に経路選択行動に影響を及ぼすことを考慮している。本配分原則に従った各経路の選択確率式が式（*2.41*）のように提案されている。

$$p_k^{rs}=\frac{(T_k^{rs})^{-\gamma}}{\sum_k (T_k^{rs})^{-\gamma}} \qquad (2.41)$$

ここで，T_k^{rs}：OD（r-s）間の経路 k の所要時間，γ：距離抵抗係数である。

〔*4*〕 配分手法

1）**実際配分法**　**実際配分法**は，交通施設の持つ容量制約が考慮される。すなわち，ワードロップの第1配分原理を配分手法に反映することになる。ワードロップの配分原理に基づいた配分交通量の最適解は，数理計画最適化問題として定式化され，その解法が数多く提案されているが，実際の交通計画では

計算効率や扱いやすさの観点から，シミュレーションによって配分交通量が計算される場合が多い。FD 流の場合は，交通量と交通容量の関係を考慮しながら配分作業を行うことになり，一般的に**分割配分法**が適用される。分割配分法とは，OD 交通量を複数に分割し，分割された OD 交通量を最短経路に配分しては，リンク所要時間の変化を確認しながら，残りの分割 OD 交通量を配分し，近似的に等時間原則配分を達成させる方法である。リンク所要時間は，Q-V 曲線を用いて計算される。Q-V 曲線は，交通量と速度との関係を示す曲線で，詳細は **4** 章で述べるが，配分作業で用いられる曲線式は，実用を考慮し，**図 2.13** に示す Q-V 式が用いられている。

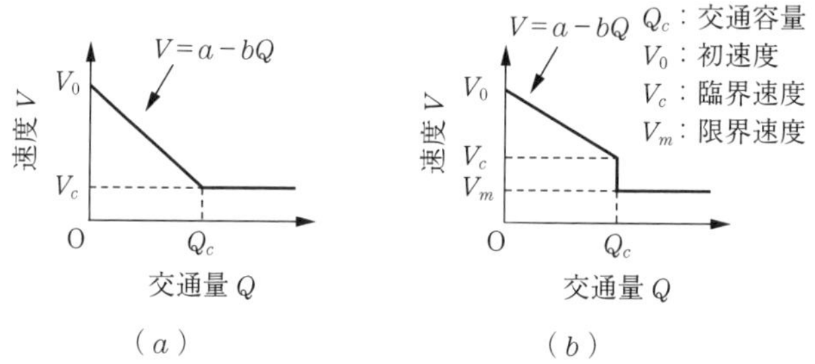

図 2.13　Q-V 式の例

図に示したパラメーター V および Q は，道路規格ごとに与えられる。配分作業によって，当該リンクに交通量 Q が割り振られると，**図 2.13** より走行速度 V が与えられるので，当該リンクの距離 L〔km〕を，速度 V〔km/h〕で除すことにより，リンク所要時間 T〔h〕$=L$〔km〕$/V$〔km/h〕が求められる。なお分割方法は，各分割比率を等しくする場合と，初期分割ほど比率を大きくし，しだいに減らしていく方法（例えば，1 回目 30 %，2 回目 30 %，3 回目 20 %，4 回目と 5 回目 10 %）がある。

例題 2.4（**分割配分法による配分交通量の推計**）　**図 2.14** に示すような対象地域内の道路ネットワーク上に生じる将来の交通量を推計する。

ここでは通勤・業務・私事目的から成る将来の自動車 OD 交通量を対象地域内の道路ネットワーク上に配分する。したがって，前段階で推計された自動車

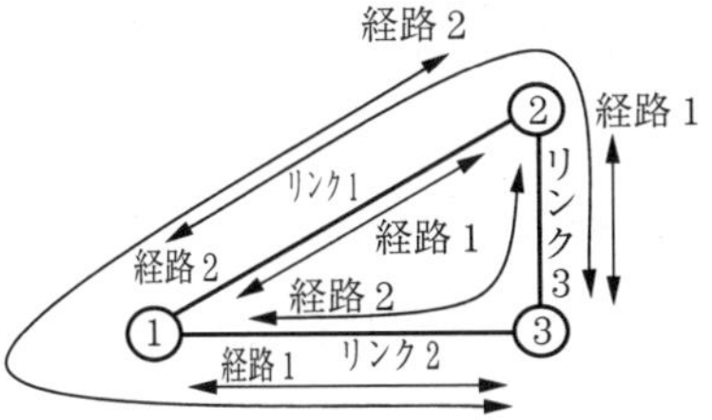

OD(1−2)：①ゾーン⟷②ゾーン
OD(1−3)：①ゾーン⟷③ゾーン
OD(2−3)：②ゾーン⟷③ゾーン

ゾーン間往復交通量

	2	3
1	9 908	14 871
2	—	19 666

図 *2.14* 道路ネットワーク

表 *2.26* リンクの諸条件

リンク	リンク距離 L〔km〕	b	Q_c〔台〕
1	4.5	0.005 0	7 000
2	6.0	0.001 5	25 000
3	6.0	0.001 0	25 000

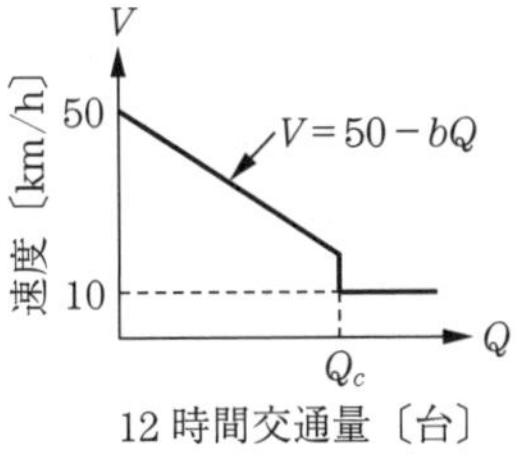

図 *2.15* Q-V 式

OD 表を用いる。配分に当たって往復交通は区別しない。配分計算には，**表 *2.26*** に示すゾーン間往復交通量を集計した OD 交通量を用いる。

各リンクの所要時間関数 T は，**図 *2.15*** に示す Q-V 式に基づいて算出する。

分割配分法を用い，各 OD 間交通量を上記道路網の各経路に配分せよ。ただし分割数は 4 とする。

【配分交通量推計の解答例】 各 OD の分割交通量は，分割数が 4 なのでつぎのようになる。

$$\mathrm{OD}(1\text{-}2):\frac{9\,908}{4}=2\,477,\ \ \mathrm{OD}(1\text{-}3):\frac{14\,871}{4}=3\,718,\ \ \mathrm{OD}(2\text{-}3):\frac{19\,666}{4}=4\,917$$

(1 回目の配分計算) まず，最初の分割交通量を初期状態のもとでの最短経路にすべて流す。各リンクの所要時間は，自由走行速度を 50 km/h として Q-V 式を用いて算出する。

OD (1-2) の各経路の所要時間を比較すると

$$\frac{4.5}{50}\times 60=5.4〔分〕<\left(\frac{6.0}{50}\times 60\right)+\left(\frac{6.0}{50}\times 60\right)=14.4〔分〕$$

となり，経路1の方が短い。

OD（1-3）の各経路の所要時間を比較すると

$$\frac{6.0}{50}\times 60=7.2〔分〕<\left(\frac{4.5}{50}\times 60\right)+\left(\frac{6.0}{50}\times 60\right)=12.6〔分〕$$

となり，経路1の方が短い。

OD（2-3）の各経路の所要時間を比較すると

$$\frac{6.0}{50}\times 60=7.2〔分〕<\left(\frac{4.5}{50}\times 60\right)+\left(\frac{6.0}{50}\times 60\right)=12.6〔分〕$$

となり，経路1の方が短い。

よって，各OD間の各経路への配分交通量は以下のとおりである。

OD（1-2）：経路1へ2 477〔台〕，OD（1-3）：経路1へ3 718〔台〕，

OD（2-3）：経路1へ4 917〔台〕

図2.16以降の配分状態図の見方について，各リンク矢印に記載されているOD（1-2，1-3，2-3）は，それぞれのリンク上を走行する各ODの交通量を表す。また，リンク内側に記載されている数値は，リンク上を走行する各OD交通量を総和した総交通量である。

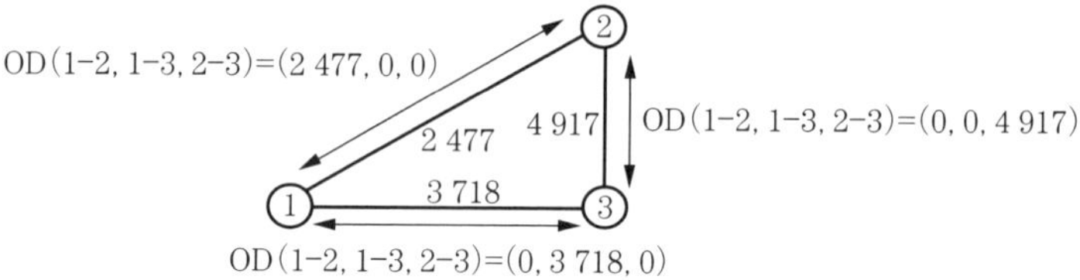

図2.16　1回目の配分状態

（2回目の配分計算）つぎの各OD分割交通量を，**図2.16**の配分状態での最短経路にすべて流す。各リンク所要時間は1回目の配分結果をQ-V式に代入して求める。

OD（1-2）の各経路の所要時間を比較すると

$$\frac{4.5}{50-0.005\,0\times 2\,477}\times 60=7.2〔分〕<\left(\frac{6.0}{50-0.001\,5\times 3\,718}\times 60\right)+\left(\frac{6.0}{50-0.001\,0\times 4\,917}\times 60\right)=16.1〔分〕$$

となり，経路1の方が短い。

OD（1-3）の各経路の所要時間を比較すると

$$\frac{6.0}{50-0.001\,5\times 3\,718}\times 60=8.1〔分〕<\left(\frac{4.5}{50-0.005\,0\times 2\,477}\times 60\right)$$

$$+\left(\frac{6.0}{50-0.0010\times4917}\times60\right)=15.2\ 〔分〕$$

となり，経路1の方が短い。

OD（2-3）の各経路の所要時間を比較すると

$$\frac{6.0}{50-0.0010\times4917}\times60=8.0\ 〔分〕<\left(\frac{4.5}{50-0.0050\times2477}\times60\right)$$
$$+\left(\frac{6.0}{50-0.0015\times3718}\times60\right)=15.3\ 〔分〕$$

となり，経路1の方が短い。

各OD分割交通量を以下に示す経路に加える（**図2.17**参照）。

OD（1-2）：経路1へ2 477〔台〕，OD（1-3）：経路1へ3 718〔台〕，

OD（2-3）：経路1へ4 917〔台〕

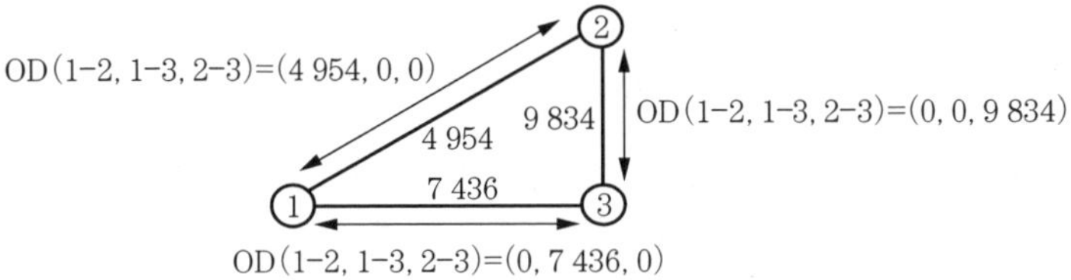

図2.17　2回目の配分状態

（3回目の配分計算）3番目の各OD分割交通量を，2回目の配分状態での最短経路にすべて流す。各リンク所要時間は2回目の配分結果（**図2.17**参照）をQ-V式に代入して求める。

OD（1-2）の各経路の所要時間を比較する。

$$\frac{4.5}{50-0.0050\times4954}\times60=10.7\ 〔分〕<\left(\frac{6.0}{50-0.0015\times7436}\times60\right)$$
$$+\left(\frac{6.0}{50-0.0010\times9834}\times60\right)=18.2\ 〔分〕$$

となり，経路1の方が短い。

OD（1-3）の各経路の所要時間を比較すると

$$\frac{6.0}{50-0.0015\times7436}\times60=9.3\ 〔分〕<\left(\frac{4.5}{50-0.0050\times4954}\times60\right.$$
$$\left.+\frac{6.0}{50-0.0010\times9834}\times60\right)=19.7\ 〔分〕$$

となり，経路1の方が短い。

OD（2-3）の各経路の所要時間を比較すると

$$\left(\frac{6.0}{50-0.0010\times 9834}\times 60\right)=9.0\ 〔分〕<\left(\frac{4.5}{50-0.0050\times 4954}\times 60\right)+\left(\frac{6.0}{50-0.0015\times 7436}\times 60\right)=20.0\ 〔分〕$$

となり，経路1の方が短い。

各OD分割交通量を以下に示す経路に加える（図 **2.18** 参照）。

OD（1-2）：経路1へ2 477〔台〕，OD（1-3）：経路1へ3 718〔台〕，

OD（2-3）：経路1へ4 917〔台〕

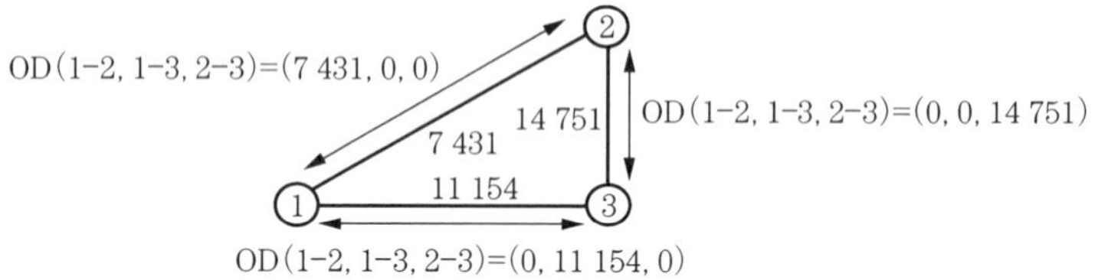

図 2.18　3回目の配分状態

（4回目の配分計算）最後の各OD分割交通量を，3回目の配分状態での最短経路にすべて流す。各リンク所要時間は3回目の配分結果（図 **2.18** 参照）を Q-V 式に代入して求める。リンク1は容量を超えているので速度は10 km/hとして計算する。

OD（1-2）の各経路の所要時間を比較すると

$$\frac{4.5}{10}\times 60=27.0\ 〔分〕>\left(\frac{6.0}{50-0.0015\times 11154}\times 60\right)+\left(\frac{6.0}{50-0.0010\times 14751}\times 60\right)=21.0\ 〔分〕$$

となり，経路2の方が短い。

OD（1-3）の各経路の所要時間を比較すると

$$\frac{6.0}{50-0.0015\times 11154}\times 60=10.8\ 〔分〕<\left(\frac{4.5}{10}\times 60\right)+\left(\frac{6.0}{50-0.0010\times 14751}\times 60\right)=37.2\ 〔分〕$$

となり，経路1の方が短い。

OD（2-3）の各経路の所要時間を比較すると

$$\left(\frac{6.0}{50-0.0010\times 14751}\times 60\right)=10.2\ 〔分〕<\left(\frac{4.5}{10}\times 60\right)+\left(\frac{6.0}{50-0.0015\times 11154}\times 60\right)=37.8\ 〔分〕$$

となり，経路1の方が短い。

各OD分割交通量を以下に示す経路に加える（図 **2.19** 参照）。

OD（1-2）：経路2へ2 477〔台〕，OD（1-3）：経路1へ3 718〔台〕，

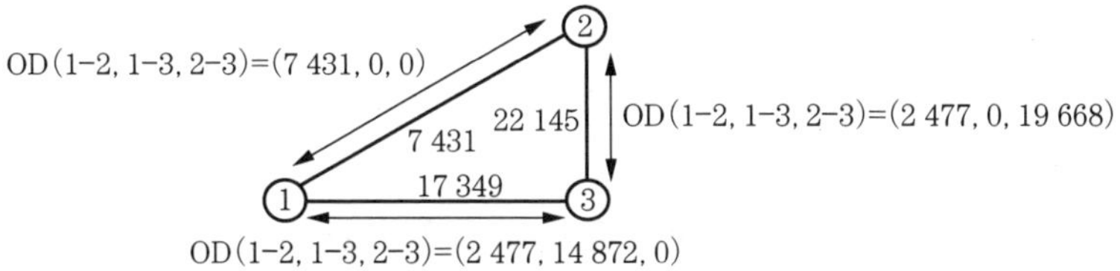

図 2.19 4回目の配分状態

OD (2-3)：経路1へ4 917〔台〕

<所要時間について>

OD (1-2) については，経路1，2とも利用されている。各経路の所要時間は

$$経路1の所要時間=\frac{4.5}{10}\times 60=27.0〔分〕$$

$$経路2の所要時間=\left(\frac{6.0}{50-0.0015\times 17\,349}\times 60\right)+\left(\frac{6.0}{50-0.0010\times 22\,145}\times 60\right)$$

$$=27.9〔分〕$$

となり，等時間原則に基づいた配分により他のODよりは利用されている経路の所要時間の差が小さいことがわかる。

OD (1-3) については，経路1のみが利用されている。各経路の所要時間は

$$経路1の所要時間=\frac{6.0}{50-0.0015\times 17\,349}\times 60=15.0〔分〕$$

$$経路2の所要時間=\left(\frac{4.5}{10}\times 60\right)+\left(\frac{6.0}{50-0.0010\times 22\,145}\times 60\right)$$

$$=39.9〔分〕$$

となり，経路1と2の所要時間差が大きく，所要時間が最小となる経路のみが利用されていることがわかる。

OD (2-3) については，経路1のみが利用されている。各経路の所要時間は

$$経路1の所要時間=\left(\frac{6.0}{50-0.0010\times 22\,145}\right)\times 60=12.9〔分〕$$

$$経路2の所要時間=\left(\frac{4.5}{10}\times 60\right)+\left(\frac{6.0}{50-0.0015\times 17\,349}\times 60\right)$$

$$=42.0〔分〕$$

となり，経路1と2の所要時間差が大きく，所要時間が最小となる経路のみが利用されていることがわかる。

***2*）** **需要配分法**　本配分法では，交通施設の持つ容量制約が考慮されずに配分が行われることになる。したがって，すべてのOD交通量を最短経路に一括配分するオールオアナッシング法によって配分作業が行われる。配分結果は

実際の行動を反映したものではないが,新たに導入された交通施策を検討する際の潜在的な需要を把握し,必要,不必要な計画を取捨選択する場合に用いられる。

2.3　非集計行動モデルによる交通行動の予測

2.3.1　非集計行動モデルの概要

前節で紹介した4段階推計法は推計手順が確立されていて，交通現象のマクロ的な分析に優れた実用性の高い手法であるが，モデル化に当たっては交通行動をゾーンごとに集計することから，個々人の交通行動を反映したモデルとなっていないなどの問題点が存在する。そこで手段選択や経路選択など，より個々人の意思決定が影響してくる交通行動の分析に対応する目的で非集計行動モデルが用いられるようになってきた。

非集計行動モデルでは，交通行動の意思決定単位は個人であり，各個人は交通行動の選択肢の中から効用が最大となる選択肢を選ぶことを前提としているが，① 各個人は与えられた情報に対してそれぞれ知覚が異なる可能性があり，必ずしも合理的な行動に従うとは限らない，② 現実的には，個々人が受け取る情報は不完全な場合も多い，③ 意思決定を行う要因には，測定不可能なものもあり，意思決定の説明要因としてモデルの中に明示的に盛り込めないものがあることを考慮する。このことから非集計行動モデルでは，ある選択肢を選んだことにより得られる効用は，説明要因を明示的に取り込んだ確定項と，測定不可能な確率項とで表される。

そこで，個人 n が選択肢集合 S の中から選択肢 i を選んだときに得られる効用の確定項を V_{in}，確率項を ε_{in} とすると，選択肢 i を選択する確率 P_{in} は

$$P_{in}=\mathrm{Prob}(V_{in}+\varepsilon_{in}>V_{jn}+\varepsilon_{jn}\,;\ i\neq j,\ j\in S) \tag{2.42}$$

と表される。

この選択確率を具体的な形で表すため，効用関数の確率項は，誤差分布に一般的に用いられる正規分布型に近似していてモデル展開上の操作性が高いガンベル分布に従うと仮定する。ガンベル分布の性質を用いることで，選択肢 i を

選択する確率は式（2.43）のように導出される。

$$P_{in}=\frac{\exp V_{in}}{\sum_{j}\exp V_{jn}} \tag{2.43}$$

式（2.43）はロジットモデルと呼ばれる。式（2.43）の効用関数の確定項は，式（2.44）のように線形式で表されるのが一般的である。

$$V_i=\beta_0+\beta_1X_{1i}+\beta_2X_{2i}+\cdots+\beta_mX_{mi} \tag{2.44}$$

ここで，X_{mi}：選択肢 i における m 番目の説明変数，β_m：m 番目の説明変数にかかる効用パラメーターである。

2.3.2　ロジットモデルの同定

ロジットモデルのパラメータの推定には，最尤（ゆう）推定法を用いる。個人 n が手段 i を選択した場合を $\delta_{in}=1$，選択されなかった場合を $\delta_{in}=0$ とすると，ある個人 n が I 個ある選択肢の中から手段 i を選択した確率 P_{in} は，式（2.45）のとおりである。

$$P_{in}=P_{1n}{}^{\delta_{1n}}\cdot P_{2n}{}^{\delta_{2n}}\cdot\cdots\cdot P_{in}{}^{\delta_{in}}\cdot\cdots\cdot P_{In}{}^{\delta_{In}}=\prod_{i}P_{in}{}^{\delta_{in}} \tag{2.45}$$

したがって，全被験者の実現した状態は，各個人が選択した選択肢の確率の同時確率 L として式（2.46）のように表すことができる。

$$L=\prod_{n}\prod_{i}P_{in}{}^{\delta_{in}} \tag{2.46}$$

効用パラメーターは，実現した選択肢の選択確率が最も大きくなるように求めることになる。すなわち，L が最大になるようにパラメーター β を求めるので，$\partial L/\partial\beta_m=0$ となる β を求めることになる。$\partial L/\partial\beta_m$ は非線形なので，ニュートン法などを用いて近似的に β を求めることになる。

パラメーターの適合性の検定は，t 検定が使用され，モデルの予測能力は的中率および尤度比 ρ^2 が用いられる。

例題 2.5（**非集計行動モデル**）　都心へ向かうトリップの自動車と公共輸送機関の選択行動をモデル化せよ。

表 2.27　行動要因に関する個人データ

利用手段	可能選択肢		所要時間共通変数		移動コスト共通変数		固有変数
	自動車	公共輸送	自動車	公共輸送	自動車	公共輸送	性別
1	1	1	25	30	180	220	0
2	1	1	30	25	190	200	0
1	1	1	20	30	170	250	0
2	1	1	30	15	170	140	0
1	1	1	45	45	190	420	0
2	1	1	30	35	190	270	1
1	1	1	30	30	190	230	1
2	1	1	35	30	180	220	1
1	1	1	10	15	170	170	0
2	1	1	30	25	190	230	1
1	1	1	15	20	150	170	0
2	1	1	10	5	170	150	1
1	1	1	35	20	190	200	0
2	1	1	20	25	200	230	1
1	1	1	20	20	180	180	0
2	1	1	15	10	140	130	0
1	1	1	20	25	180	230	0
2	1	1	15	10	140	130	0
1	1	1	15	20	180	170	0
2	1	1	15	15	150	140	1
1	1	1	10	15	180	130	0
1	1	1	25	20	150	160	1
2	1	1	30	25	190	210	1
2	1	1	25	20	180	170	0
1	1	1	20	25	150	220	0
2	1	1	15	20	160	140	0
2	1	1	20	15	140	140	1
1	1	1	10	50	170	420	0
2	1	1	45	40	180	320	1
1	1	1	30	40	190	300	1

【解答】　手段選択には目的地までの所要時間と，自動車なら駐車料金，公共輸送機関なら運賃などの移動コストによって手段選択が行われているとする。また自動車利用に関しては，性別（女性：1，男性：0）が影響しているとする。以上より，手段選択行動モデルの効用関数を以下のように表すこととする。

$$V_1 = \alpha + \beta_1 \times X_{11} + \beta_2 \times X_{12} + \gamma \times Z$$

$$V_2 = \qquad \beta_1 \times X_{21} + \beta_2 \times X_{22}$$

ここで，$i=1$ は自動車，$i=2$ は公共輸送機関，V_i は利用手段 i の効用値，X_{i1} は

利用手段 i の所要時間，X_{i2} は利用手段 i の移動コスト，Z は性別である。また，α は自動車利用定数項，β_1 は所要時間効用パラメーター，β_2 は移動コスト効用パラメーター，γ は自動車固有変数（性別）パラメーターとする。以上の選択要因に関する各個人データとして**表 2.27** が与えられたとする。ロジットモデルによる各パラメーターの推定結果は**表 2.28** となる。

表 2.28　ロジットモデルによる各パラメーターの推定結果

選択要因	パラメーターの値（t 値）
共通変数	
所要時間	−0.143（−1.812）
移動コスト	−0.013（−1.112）
選択肢固有変数	
性別	−2.227（−1.953）
定数項	0.548（ 0.912）
サンプル数	30
尤度比	0.329
的中率	83.30 %

したがって，各手段利用時の効用関数は

$$V_1 = 0.548 - 0.143 \times X_{11} - 0.013 \times X_{12} - 2.227 \times Z$$

$$V_2 = \qquad -0.143 \times X_{21} - 0.013 \times X_{22}$$

以上の結果から，所要時間が短く，移動コストが小さい手段が選択される可能性が高いことが示されている。また，自動車選択に対しては女性の方が，抵抗が大きいことを示している。

演　習　問　題

【1】 パーソントリップ調査の調査内容と調査方法を整理せよ。

【2】 全国道路交通情勢調査の種類とそれぞれの調査内容を整理せよ。

【3】 四段階推計法の流れを確認するとともに，各段階での代表的手法とその特徴を整理せよ。

【4】 例題 *2.1* において，業務の発生集中交通量推計モデルが**表 2.9** に示すとおりになることを確かめよ。

【5】 例題 *2.2* において，重力モデルを用いた分布交通量推計で，収束計算にデトロイト法を用いた場合の将来の分布交通量を推計せよ。

【6】 例題 *2.4* において，リンク 2 および 3 のリンク距離を 3 km，リンク 3 の Q-V 式を $V=50-0.0016\,Q$，リンク 3 の交通容量を 25 000〔台/h〕とした場合の配分交通量を計算せよ。

【7】 非集計行動モデルを用いることの利点を述べよ。

3

都市交通計画

都市においては多数の人々が居住して多様な活動が行われ，これを反映した多種・大量の交通が流動している。交通システムには交通を安全かつ円滑・快適に処理することが要請され，都市交通計画はこの実現のための計画である。本章では，都市交通の特徴，抱える問題について概観した後，都市交通計画の策定において必要な基礎的事項を取り上げ，これらの要点を述べる。

3.1 都市の構造と都市交通

3.1.1 都市の構造

狩猟採取の社会から農業文明を手に入れた人類は都市をつくるようになり，古代文明が栄えたところでは大きな都市が建設された。自然の豊かさに左右される狩猟採取社会と比較して，農業化社会の生活はより安定なものとなった。このような時代の国家は中央集権的であり，都市の建設は権力の象徴を示すものであった。農業化時代の都市は生産よりもむしろ消費の場となっており，支配者の意図のもとに計画的につくられた都市が多い。

人類の生活を大きく変えたのは産業革命である。産業革命により人類は多くのテクノロジーを手に入れた。工業化社会では都市は生産の場となり，都市に多くの産業が立地し，都市は集積の利益を求めて肥大化した。集積のメリットとデメリットが均衡するまで集積を繰り返すが，工業技術の進歩発展は集積のメリットを拡大してきたため，現在のような大都市が形成されてきた。

都市圏にはたくさんの行動主体が存在し，これらの行動を都市空間に投影したのが土地利用である。たくさんの行動主体は，市場メカニズムを通して経済活動をしている。すなわち，土地や物などの資源を有効活用することにより，人間は豊かな生活を送るようになった。土地市場では土地を利用する立地主体（行動主体）が相互に付け値競合しており，最大付け値の土地利用が顕在化し，土地利用が決定されている。企業は，土地利用コスト（土地を利用するために必要となる地価や地代）や交通コストを少なくして利潤を最大化する地点に事務所・店舗・工場などを構える。住宅においても，個人の効用を最大化する地点に住宅を構える。また，このような立地競合を繰り返した結果，都心などの交通利便な所が商業地となり，郊外が住宅地となる。このようにして形成された都市空間の**土地利用**から多くの交通が発生・集中するが，これらの交通需要に対してさまざまな交通サービスが提供されている。

土地利用の結果より，**都市の構造**は，都心の土地利用密度（単位面積当りの商業・工業・住宅などの延べ床面積が相当する）が著しく高く，郊外に向かって密度が逓減する。都市空間構造の分析においては，**図 *3.1*** に示すような単一中心都市を仮定し，都心からの距離と付け値から地価と土地利用の関係が分析されている。主要な市場や雇用は都心に相当する**中心業務地区**（central business district，略して CBD）にあり，立地主体が土地に付ける値段は都心から離れるほど逓減する。複数主体の最大付け値を連ねたものが地価となり，この立地主体が土地利用となる。また，地価が高くなるほど高密に土地が利用されることになり，それだけ多くの交通が発生することになる。

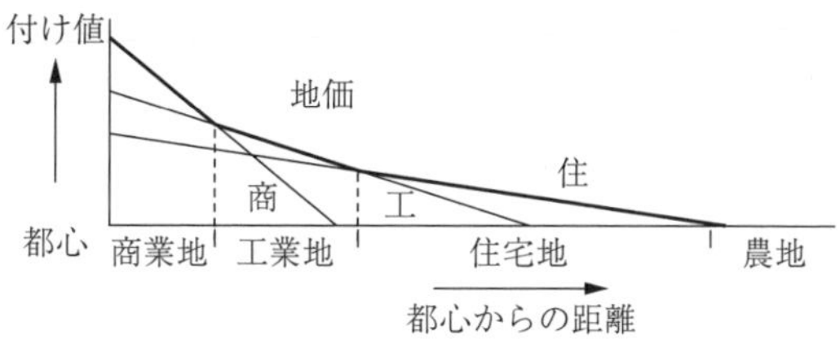

図 *3.1* 都市の土地利用と地価[1)]

都市は時間の経過とともに集積を重ねて成長していくが，都市の成長と**土地利用パターン**を示したのが**図 *3.2*** である。初期の都市は**同心円型モデル**となり，その後の成長に伴い基幹的交通施設に沿って都市が拡大していく**扇型モデル**となる。さらに都市が成長すると，中心が複数個存在する**多心型モデル**へと

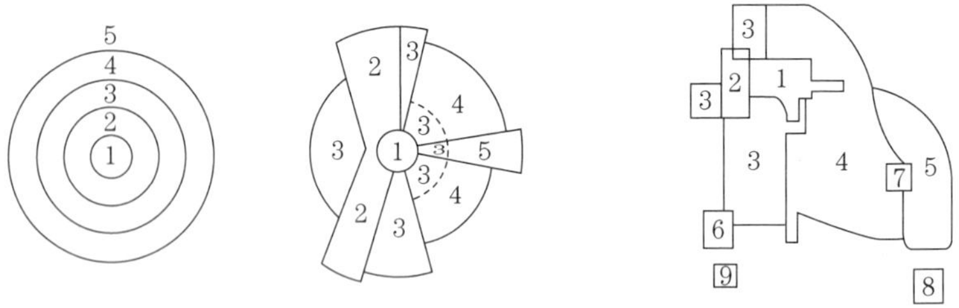

1　C. B. D.
2　推移地域
3　労働者住居地域
4　中産階級住居地域
5　通勤者住居地域

(*a*)　バージャスの同心円型モデル

1　C. B. D.
2　卸売り・軽工業地域
3　低級住宅地域
4　中級住宅地域
5　高級住宅地域

(*b*)　ホイトの扇型モデル

1　C. B. D.　　2　卸売り・軽工業地域
3　低級住宅地域　　4　中級住宅地域
5　高級住宅地域　　6　重工業地域
7　周辺商業地域　　8　郊外住宅地域
9　郊外工業地域

(*c*)　ハリス・アルマンの多心型モデル

図 3.2　都市の成長と土地利用パターン[2)]

発展していく。

2 章に示す交通需要予測では，土地利用は外生的に与えられるものとして将来交通量を推計しているが，土地利用と交通との間には相互に密接な依存関係がある[3)]。交通利便なところには多くの人が集まり，不便なところには少ない。交通施設の整備によって土地利用を誘導することが可能であり，計画時に目標設定した土地利用計画を交通計画においても支援するような望ましい交通ネットワークを構築する必要がある。

3.1.2　都市交通の特徴

1 日の交通は着目する主体や時刻によって大きく変動するが，都市圏レベルの集計量で見るならば比較的安定なものとなっている。

わが国では，人間が 1 日に行う交通は約 2.5 トリップである。交通目的別の**生成トリップ**では，通勤通学・自由・業務・帰宅がおもな交通目的であり，自由目的の割合が増える傾向にある。交通を手段別に見るならば，自動車の割合が一貫して増加している。1 日の生活では短トリップの交通が多くなるため徒歩の割合が高いが，その割合は減少してきている。トリップ長を考慮するならば，鉄道や自動車の分担が高い。

土地利用が与えられ人間が居住していれば，生成するトリップ数や目的割合に大きな変化はないが，おかれた環境により利用される交通手段には大きな違いが生じる。大都市圏では高密空間が形成されるため，鉄道の割合が高くて自動車の割合が低くなる。反対に，地方都市圏では低密となるため，自動車の割合が高くて鉄道が低い。東京や大阪などの大都市圏では，鉄道などの大量輸送手段でないと交通が処理できないことを意味しており，自動車への依存度合いが低い。また，同じ都市圏であっても，その中心と郊外では，利用される交通手段の割合が大きく異なる。中心部では鉄道やバスなどの大量輸送手段が多用され，郊外部では自動車などの個別輸送手段が多用される。

発生する交通を時間帯別に見るならば大きく変動しており，**朝夕のピーク時**に占める割合が高い。1日で見れば大きく変動する交通ではあるが，毎日同じような交通が定常的に繰り返されている。主要な交通パターンは，朝方は都心方面への通勤通学交通，夕方は郊外への帰宅交通となり，空間的に見て偏った交通需要となる。特に，朝のピーク時は都心を目的地とする交通が多く，郊外から都心に交通が集中するため，必然的にボトルネックが生じる構造となっている。このように，都市には過密な交通需要が存在するが，一方では，交通需要の少ない地域も存在する。

3.2 都市交通の諸問題

3.2.1 問題の種類

都市交通によって発生する問題の分類整理にもいろいろな方法があるが，ここでは問題の因果関係に着目して，交通の需要者と供給者の二つの視点から**交通問題**を整理する。

道路や鉄道などの交通ネットワークを利用する需要者サイドから見た交通の問題には，道路渋滞・駐車難・不便で料金の高い公共交通・交通事故などがある。これら交通需要者側の問題を解決するために交通施設の整備を行っているが，交通施設の供給者サイドから見た交通の問題には，自動車交通の増加・交通施設建設の困難性・環境問題・公共交通の採算悪化などがある。

わが国では，農地のスプロール的な宅地化によって都市用地が供給され都市が肥大化してきたが，この都市成長を交通面から支えたのが自動車である。自動車の増加と公共交通のサービス低下の悪循環から，いずれの都市においても公共交通が衰退しており，自動車交通が増加している。**図 *3.3*** にわが国の自動車保有台数を示す。自動車の保有は飽和状態に達しており，自動車への依存は，公共交通の衰退だけに止まらず，**都市の空洞化**や**中心市街地の衰退**を招き，効率的な土地利用から乖離することになる。

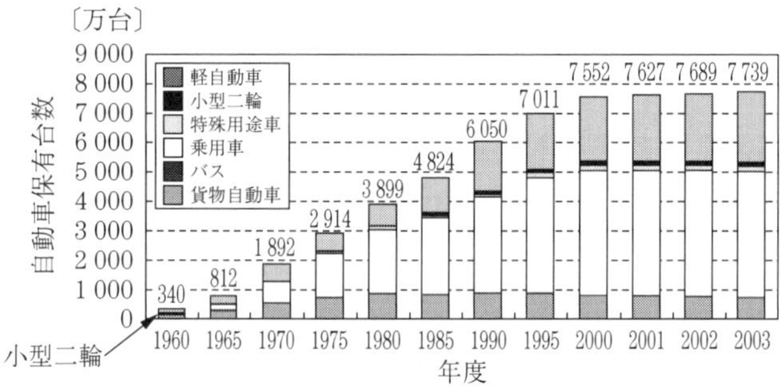

図 *3.3*　わが国の自動車保有台数[4)]

都心部への交通は密度が高いため鉄道などの大量輸送手段が適するが，郊外部への交通では密度が低いため自動車の適性が増す。すなわち，都心部への自動車利用を抑制して公共交通への転換を図る必要があり，交通手段のこのような転換が進めば，利用者や供給者の側から見た問題が改善し，都市交通の多くの問題点が解決することになる。

3.2.2　問題の概要と背景

〔*1*〕　**交 通 事 故**　　交通事故により多くの人命が失われており，自動車という大変便利な道具は，一方では人類にとって大きな危機を招いている。図

3.4 にわが国の交通事故の推移を示す。**交通事故**は，自動車が増加した昭和40年代から急増して現在に至っており，さまざまな安全対策が取られてきたが抜本的な改善には至っていない。所得や技術水準の高い平和な社会で毎年これだけ多くの人命が失われることは信じ難いことであり，交通事故にまつわる事象は“交通戦争”ともいわれている。わが国では，道路は量的に充足しているといわれているが，質的には大変貧弱な状態である。駐停車場の欠如，歩道や自転車道の未整備などは，電線の地中化や景観整備などとともに，今後の社会が避けて通ることのできない問題である。交通事故では，歩行者や自転車など弱い立場のものが被害を受ける傾向にあるが，これらの整備により，交通事故が減少すると同時に，安心して生活できる空間を手に入れることができる。

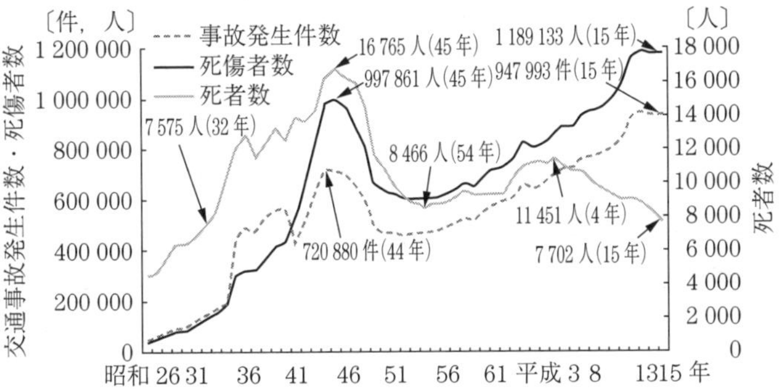

〔注〕1. 警察庁資料による。
2. 昭和 41 年以降の件数には，物損事故を含まない。
3. 昭和 46 年までは，沖縄県を含まない。

図 3.4　交通事故の推移[5]

自動車の運転では，ドライバーの勘とか経験や注意力に依存するところが大であるため，交通量に比例して事故が増えるのはやむを得ないが，**5** 章に示している道路交通 **ITS** の技術が今後進めば交通事故の減少も期待される。

〔*2*〕 **交 通 混 雑**　　道路の**交通渋滞**は，都市だけに止まらず，国民生活全体に多大な影響を及ぼしている。国土交通省の 2001 年試算[6] では，わが国全体で年間約 38 億時間，費用に換算して 12 兆円という莫大な金額が渋滞により失われている。国民 1 人当りの平均で見れば 30 時間（金額では 9 万円）の損失である。

また，このような道路交通の渋滞は，自動車のエネルギー消費や排気ガスにも悪影響を及ぼす。渋滞によって自動車の速度が1/4になれば，燃料消費は2.5倍に，排気ガスの増大による環境負荷は2倍になると試算されている。環境制約が厳しくなる中で，エネルギーや排気ガスへ及ぼす影響の大きさには，交通渋滞の深刻さが表れている。

〔3〕 **環境に及ぼす影響**　航空機・船舶・鉄道（新幹線を含む）・自動車などの交通が環境に及ぼす影響は広範である。身近なものに大気汚染・騒音・振動がある。交通は大規模かつ継続して行われるため環境への影響は深刻であり，近年では地球レベルの環境に及ぼす影響として，地球温暖化・酸性雨・オゾン層破壊などの問題も生じている。また，工場などの固定発生源と比較して，自動車などの**移動発生源**は広範囲に分布するため規制も難しい。

地球環境問題では，京都議定書にも取り決められているように二酸化炭素の排出抑制が急務となっているが，実現の目途はついていない。わが国の二酸化炭素排出量に占める交通部門の割合は20％と高い[7]。また，自動車の排気ガスによる**窒素酸化物**（NO_x）や**硫黄酸化物**（SO_x）は，大気中で硝酸や硫酸に変化し酸性雨の原因となる。ディーゼル車から排出される粒子状物質は肺や気管支に沈着して呼吸器に悪影響を及ぼす。クーラーの冷却媒体として用いられたフロンガスはオゾン層破壊の原因となる。このように，自動車利用により生ずる排気ガスには多くの問題がある。

騒音については，古くから多くの苦情が寄せられている問題であるが改善も難しく，人間の学習効果を考えるならば，騒音に慣れることの方が心配である。自動車から発生する騒音の防止策は音の吸収か反射であり，道路側に防音壁を設けて影響の少ない方向に反射させることが多い。局部的に騒音は低下するが，都市全体の騒音を低下させるものではない。わが国では土地利用が錯綜しており，新幹線や航空機の騒音も大きな問題である。航空機の騒音は音源が上空にあるため広範な地域に直接影響する構造となっており，特に深刻である。密集市街地にある空港では利用時間の制限などが必要になるし，また，24

時間利用可能な空港とするためには都市から遠く離れたところに立地させるなどの配慮が必要となる。

また，都市では人口や産業の集積によるエネルギー使用量が増加しており，さらに，市街地の拡大によってコンクリートやアスファルトで覆われた空間が広がり，**ヒートアイランド現象**が起きている[8]。都心と郊外との温度差が5℃くらいになることもあり，エアコンなどの使用頻度が増えるために，温度上昇をさらに加速させることも予想される。**光化学スモッグ**は，工場や自動車の排気ガスが反応して人体に有害な物質を生成することであり，1970年代以降減少傾向にあったが，最近ではヒートアイランドなどの影響もあり増加の傾向を見せている。

交通の手段として自動車と鉄道やバスなどの公共輸送が競合しているが，自動車利用の増加は，これらの環境問題を助長させることになる。

〔*4*〕 **交通不便** スプロール化の進展に伴って都市が膨張し，人口や産業の低密な都市空間が形成された。都市には鉄道やバスなどの公共輸送サービスが提供されているが，自動車の増大により**公共輸送**の利用者が減少しているところに低密空間が拡大したため，公共輸送機関の経営が悪化し，公共輸送を利用できないような不便地が存在するようになった。**交通弱者**（トランスポーテーションプアー：子供や老人など身体的理由で車が運転できない人，経済的理由で車を購入できない人）の問題である。日常生活をする上で交通は必要不可欠な行為であり，鉄道やバスなどの公共輸送サービスが低下すると，交通弱者は，移動という基本的人権が保てなくなる。

自動車への過度な依存は住宅や事業所などの郊外化にとどまらず，郊外の大規模ショッピングセンターの立地に見られるように都心の商業機能を空洞化させることになり，都市の活力低下や衰退を招く大きな社会問題ともなっている。

〔*5*〕 **交通防災** わが国では地震や台風による被害が数多く発生している。1995年1月17日の早朝に発生した阪神淡路大震災では6 436名の尊い命が失われ，高架鉄道や高速道路の倒壊，地下鉄の崩落など交通機関にも壊滅的な被害が生じた。JRの復旧には約3箇月を要し，私鉄の復旧では5箇月以上を要している。また，高速道路や幹線道路も大きな被害を受けたため，西日本の交通は長期間マヒ状態に陥った。この地震が朝夕の交通のピーク時に発生したならば，その被害はさらに拡大していたであろう。

大雨とか強風の予測はある程度は可能となっており対策もとりやすい状況にあるが，地震の予知は難しい。また，地震への対策は施設面で高額な費用を要する。しかし，地震は将来において必ず発生するものであり，このような不確定要因にどのように対処するかは地域社会が選択する問題であり，あらかじめ十分検討して社会的な合意を得ておく必要がある。ただし，どのような技術や費用をもってしても自然災害をなくすことは不可能であり，災害後の交通ネットワークをどのように維持復旧するかなどを事前に検討しておく必要がある。

また，今日の交通では，運行頻度が高くてより速く快適に目的地に到達できるような交通サービスが要求されており，過密で高速な運行が余儀なくされている。2005 年の JR 西日本福知山線脱線事故では 106 名の命を失っている。このような事故が発生する確率はたいへん低くはなっているが，毎日たくさんの交通が行われている状況下では，このような事故を皆無とすることは難しい状況にある。大量交通機関でこのような事故が起これば大災害となる。このような災害が発生する要因には，人為的なミスや施設の故障などが考えられ，運行に余裕を持たすと同時に，二重，三重の安全対策を講じる必要がある。技術がどのように進歩しても，速度や運行頻度などの交通サービスと安全性にはトレードオフの関係があることを忘れてはならない。

3.3　都市交通計画の内容

3.3.1　全 体 の 骨 格

前述したように都市交通には多くの問題点があり，これらの問題を解決するための手段も実に多く存在する。都市内のさまざまな地域で，さまざまな交通手段で，交通発生のさまざまな段階で数多くの政策が考えられ，数多くの計画代替案が存在する。また，交通計画の政策効果を高めるためには，いろいろな政策をパッケージとして同時に組み合わせる**パッケージアプローチ**の重要性が指摘されている[9]。

計画の実施に際しては，対象地域と目標年次を定め，計画の動機となる交通問題から都市空間に存在する諸問題を明確化して目的設定などの計画のフレームを作成し，都市を調査・観察・実験して，計画代替案を列挙・開発する。つぎに，代替案を分析し，定量評価と解釈を行う。最後に計画代替案の妥当性を評価する。目的を達成する代替案の中から最も望ましいものを計画案として採択するが，いずれの代替案も当初の目的を達成することができない場合には，もう一度目的設定などの計画フレームにフィードバックして，計画を再検討する循環的な手順がとられる。システムズアナリシスの循環的な手順を**図 3.5** に示す。

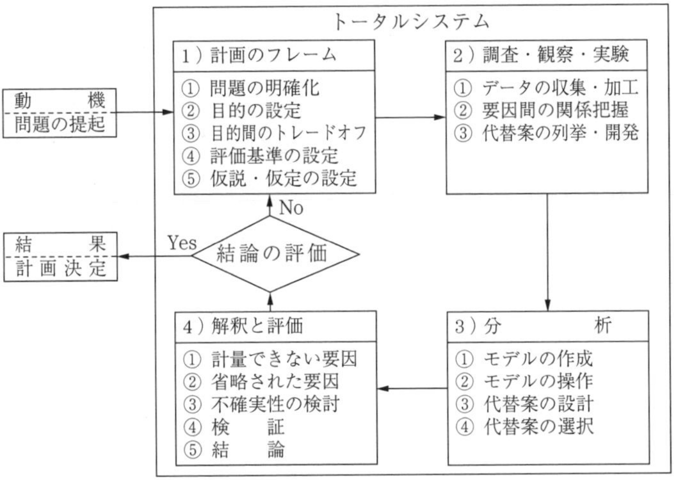

図 3.5 システムズアナリシスの循環的手順[10]

3.3.2 総合交通体系

交通計画を歴史的に見るならば，従来の交通計画は，鉄道や道路などの個別の交通手段に着目したものであり，交通全体に着目したものではなかった。交通需要予測も自動車や鉄道などの交通手段別に行われ，交通手段別の計画を単に重ね合わせるだけのもので，交通需要予測の第 3 段階に相当する手段別交通量の推計というプロセスも存在しなかった。このような個別手段に着目した交通では，矛盾も多く，効率的な交通計画を策定することも困難である。

わが国では，1963年に広島都市圏で初めて本格的な**パーソントリップ調査**が実施され，交通の根源である人に着目した総合的な交通計画が実施された[11]。現在では，多くの都市圏でパーソントリップ調査が実施されており，**総合交通体系**のもとに，各種交通手段の適性を考慮して望ましい交通システムの構築が可能となっている。

交通には飛行機・船舶・鉄道・バス・自動車などがあるが，都市交通の主要な交通手段は，鉄道やバスなどの公共交通と自動車交通である。公共交通と自動車は交通手段として競合しており，交通計画から見た特性も大きく異なる。過密な都市空間では，鉄道やバスなどの大量輸送の可能な公共交通が優れているが，占有空間が広くて環境問題を悪化させる自動車交通は適していない。一方，都市の郊外部や地方都市などの低密空間では，公共交通には経営面での非効率性があり，自動車交通の優位性が増している。人間の移動に適する手段は場所や時刻などによっていろいろと変化するが，物資流動については，都市圏レベルで見るならば自動車に依存せざるを得ない状況である。このような各種交通手段の適性を考慮して，より望ましい交通システムを構築しなければならない。利用者密度とトリップ距離の関係から，交通手段の特性を示したのが**図*3.6***である。都心で発生する交通は密度が高くてトリップ長が短く，反対に，郊外で発生する交通は密度が低くてトリップ長が長い。同じ交通であっても，都市空間の発生する場所によって，適する交通手段が異なる。

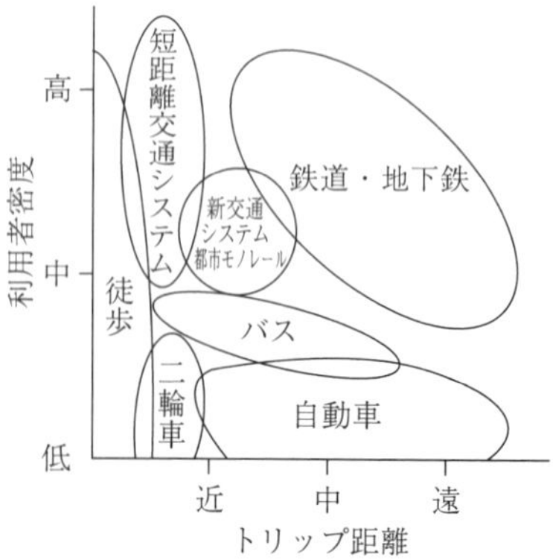

図 *3.6* 交通手段の特性[12]

自動車交通はその利便性からとめどなく増加しているが，過密な都市空間を自動車で交通処理することには限界があり効率も悪くなる。これまでの交通計画は，増加する交通需要（特に，自動車の交通需要）を円滑に処理することを目的とする**需要追随型の計画**であったが，最近では，自動車交通の抑制を意図した**需要管理型の計画**に変わってきている。

総合交通体系のもとに，鉄道・道路などの都市の骨格を形成する交通ネットワークを計画する。これらの基幹的な交通ネットワークを受けて，細部の道路やバス路線などを計画する。交通ネットワークは土地利用と整合するように配置するが，交通要因が土地利用に及ぼす影響の大きさから，逆に，望ましい土地利用を誘導するような配置も考えられる。

3.4 公共交通計画

3.4.1 公共交通機関と公共交通システム

公的交通手段には鉄道，バス，タクシー等があり，私的交通手段には乗用車，トラック，自転車等がある。前者は**公共交通機関**と呼ばれ，不特定多数の人を乗合い方式で輸送するところに特徴がある。

近年，公共交通機関は，新種が登場して多様化する傾向が見られる。すでに広くなじまれている新交通システムに加えて，最近はコミュニティーバスが各地で活躍し，衰退化をたどっていた路面電車に代わって後述するLRTが注目を集めている。いろいろな公共交通機関が登場する背景はさまざまであり，エネルギー，環境，福祉，経営等の問題がかかわっている。

これら公共交通機関は**表 3.1** のように整理される。また，各種交通システ

表 3.1 都市の公共交通機関

鉄道系	バス系	その他
（在来型） 鉄道 都市高速鉄道（地下鉄） 路面電車	（在来型） バス トロリーバス	（在来型） タクシー ハイヤー
（新交通システム） 中量軌道システム モノレール	（新交通システム） デマンドバス	（新交通システム） デュアルモードバス
（新型） LRT	（新型） コミュニティーバス	（新型） 都市型レンタサイクル

表 3.2 各種交通システムの輸送力[13)]

	通路幅約3 m当りの輸送人数〔人/時〕	輸送量〔人・km/時〕	輸送人数，輸送量の算定条件		
			乗車人数*〔人〕	輸送間隔〔時分または距離〕	表定速度〔km/h〕
郊外型鉄道	20 000	1 100 000	1 000	3 分	55
地下鉄	20 000	640 000	1 000	3 分	32
中量軌道システム	9 000	270 000	450	3 分	30
路面電車	2 000	30 000	100	3 分	15
路線バス	1 000	12 000	50	3 分	12
乗用車（街路）	1 000	30 000	2	60 m	30
自転車	3 600	43 200	3	10 m	12
歩行者	10 000	40 000	4	1.6 m	4

〔注〕＊　鉄道は1編成当り。バス，乗用車は1両当り。自転車は3台，歩行者は4人が並列通行。

ムの**輸送力**は**表 3.2** のように算定することができる。

公共交通システムの代表的なものは鉄道交通システムとバス交通システムである。都市の全体としての公共交通システムは，この2者を中心に構成されるが，バス交通システムは鉄道の整備有無に関連して役割を変える。すなわち，鉄道の便のないところでは地域の主たる交通システムとなり，便のあるところでは鉄道端末交通システムの一つとなることが多い。

3.4.2 鉄　　道

鉄道は軌道系交通機関とも称され，通称でいえばJR，郊外電車，地下鉄，モノレール，路面電車など，その長い歴史の中で多様な形態が見られる。鉄道の特徴としては，利用者を駅に集め，ピストン型の往復運転により，大量または中量規模で効率よく輸送すること，自動車とは異なって排ガスを出さず，環境に優しいこと，などが挙げられる。

都市の鉄道交通システムを見ると，その主要部分は，おおむねすでに整備されているといってよい（**図 3.7** 参照）。現実のものとなっている生産人口の減少ということも考えると，今後は，輸送力を増強することよりも快適性や利

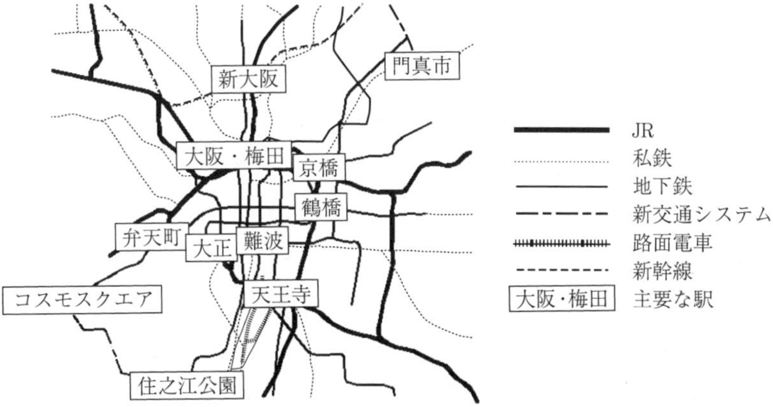

図 **3.7**　大阪市周辺の鉄道網

便性の改善，換言すれば，きめ細かなサービスの提供を実現することがシステム整備の計画課題となろう。これには以下のようなものが挙げられる。

① 鉄道網については，都心部の混雑を緩和するネットワークの形成。また，利用者の肉体的・精神的負担を軽減する乗換えシステムの改善。

② サブシステムについては，駅へのアクセス，駅からのイグレスを利便・快適なものにする**鉄道端末交通システム**および駅前広場（***3.4.6*** 項参照）の整備・改善。

③ 車両，駅については，快適な利用の促進。ユニバーサルデザイン化。

なお，上記 ② は TDM（***5.2*** 節参照）において鉄道利用の促進を図る上でも重要なことであって，バスアンドライド，サイクルアンドライド，キスアンドライド等が円滑に行われるようにすることが必要である。

3.4.3　新交通システム

社会は時代を反映して絶えず変化し，都市構造も変化する。このため，交通システムも既存のものにはない新しい機能を持つものが要請されるようになる。こうした社会的要請にこたえて開発され，既存の交通システムにはなかった特徴を持つ新型の交通システムを総称して**新交通システム**と呼んでおり，実用化に至っていないものまで含めると多種多様なものがある。

新交通システムの代表的なものは中量軌道型のもので，ゆりかもめ（東京都），ニュートラム（大阪市），ポートライナー（神戸市），さらにモノレールなどは，すでに新しいとはいえない存在になっている。これらは在来型鉄道と比べると，小型で中量輸送に適し，建設費が安い，さらにはコンピューターによる自動運転，それらによる経営等の合理化，といった特徴を持っている。

3.4.4　路面電車および LRT

かつて**路面電車**は市電と呼称され，1970 年代頃までは主要な都市交通機関の一つであったが，モータリゼーションの進展とともに自動車交通が優先され，多くの都市ではバスが代わってその位置を占めるようになった。しかし，広島市や長崎市などではいまも運行されており，近年は，「乗り降りが楽」「排ガスを出さない」等から，交通弱者や環境に優しい交通機関として路面電車を再評価する機運が高まっている。

これに伴って注目されているのが次世代型の路面電車といえる**ライトレール**（light rail transit，略して **LRT**）である（**図 *3.8*** 参照）。LRT は欧米では 1980 年頃（ころ）から導入されており，在来型の路面電車と比較して車両仕様，走行性能，運行システム等において大きく近代化されたものとなっている。単に交通弱者対策や環境対策という点にとどまらず，道路交通事情の改善，中心市街地の再生・活性化という点からも導入の検討がなされるなど，LRT に対する期待は小さくないものがある。

図 *3.8*　ライトレール“ポートラム”
（富山ライトレール株式会社提供）

路面電車や LRT の導入に当たっては代替可能な他の交通システムとの比較検討が十分に行われなければならない。また，導入されると，道路空間だけでなく，その周囲を含む景観もかなり変わるので注意が必要である。

3.4.5 バ　　ス

公共交通機関としての**バス**は時刻表に従って一定のルートを運行し，不特定多数の人を輸送する。いわゆる路線バスがこれに該当し，一般に大型の車両が使用される。バスは軌道系交通機関と比べると路線の新設・改廃が容易であるが，道路の交通事情に影響されやすく，時刻表どおりの運行ができなくなるという弱点を持っている。

定時性の高い運行は交通機関が備えるべき重要な要素であって，これを満足できないバスは利用者離れ，そして経営困難という大きな課題を抱えてきた。

これに対する方策には以下のようなものがある。

・各バスの現在位置をとらえ，各車の運行を管理し，停留所では接近するバスの位置を表示したりする**バスロケーションシステム**の導入。

・路線網の再編。例としては**ゾーンバスシステム**の採用がある。これは都心部等ではピストン型高頻度サービスする幹線バスを，周辺部では循環型フィーダーサービスを行う支線バスを運行し，両者の間に乗継ぎの便を図る結節施設を設置するものである。

・バス専用の高速走行空間の確保。主要道路における基幹バスの導入。

・バス専用レーン，またはバス優先レーンの開設。

・バスの走行を優先する信号現示の採用（**PTPS**)。

路線バスは地域交通の足となるべき公共交通機関である。しかし，大型バスによるサービスは，幅員が広い道路の沿線，また採算性のある地域に限定されやすいため，鉄道駅から遠い上にバスサービスも事実上ないという**交通不便地**が少なからずある。近年，このような地域の住民の足として，**コミュニティーバス**が多く導入されており，その特徴は以下のようにまとめられる。

車両　：小型で，新鮮なデザイン，バリアフリー仕様を採用。

路線　：ループ型のルート，また，1周1時間未満での運行が多い。

停留所：間隔は通常より短く，200〜300 m 程度で設置。

料金　：低く設定され，100円や150円が多い。

コミュニティーバスの例（**図 *3.9*** 参照）としては，1995年に運行が開始さ

（*a*）ムーバス（武蔵野市）　　（*b*）赤バス（大阪市）

図 ***3.9***　コミュニティーバス

れた武蔵野市の**ムーバス**が著名である。また，大阪市では 2002 年に 21 ルートを開設して**赤バス**の本格運行を開始している。

3.4.6 駅　前　広　場

駅前広場は，鉄道の乗降客が端末交通を介して集散する**交通結節点**であり，公共交通システムにおいて重要な役割を担うものである。

多くの場合，駅前広場は都市活動の拠点，地域住民の生活拠点でもあって，単に交通空間機能だけでなく，そこに集散し滞留する人々に憩い等を提供する環境空間機能も併せ持つように計画・設計されなければならない。また，**交通バリアフリー法**（***6.5*** 節参照）のもと，駅舎ならびに駅周辺地区とともに交通のバリアフリー化を図ることが要請される。

駅前広場の計画において，広場の必要面積の算定は重要な位置を占める。駅前広場の基準面積は，一般的には駅前広場計画指針（1998 年建設省都市交通調査室）によって算定される。この指針以前は 28 年式や 48 年式などがよく使われており，これらを用いた算定方法も理解しておく必要があろう。

3.5 道路交通計画

3.5.1 道　路　交　通

道路を利用する交通手段の種類は多く，それぞれ大きさや性能が異なり変化に富んでいる。周知のとおり自動車には多くの車種があり，自転車にも人力駆動のもの以外に原動機付き自転車や電動アシスト自転車等がある。徒歩（歩行者）も年齢等によって歩行能力が異なり，身体の障害状況によっては車椅子（いす）が使用される。道路交通はこうした交通手段による多種多様な交通の集合体であり，必要に応じて自動車交通，自転車交通，歩行者交通というくくり方で区分して取り扱われる。

3.2 節でも述べたように，近年の道路交通は交通事故，交通混雑，排ガスによる大気汚染等，種々の困難な問題を抱えている。これらの問題による社会的損失はきわめて大きく，安全，快適，円滑，そして環境負荷の小さな道路交通システムの構築が強く求められている。

3.5.2 道路交通システム

道路交通システムは，交通を処理する装置という視点からは道路システム，交通信号システム，道路交通情報システム等のサブシステムから成り，また，処理する交通の種類ごとに見ると自動車交通システム，歩行者交通システム，自転車交通システム等のサブシステムから成っている。

道路交通システムの整備は，これまでの経過を見ると，モータリゼーションの進展過程における各時期の課題に優先して対応する形で行われてきている。このため，サブシステム間の整備レベルがふぞろいで，整合性も十分ではなく，現在の道路交通システムはトータルシステムとしての整備が遅れた状況にあるといえる。今後は，ポストモータリゼーションということも念頭におき，全体をにらんだ整備を推進していくことが重要と考えられる。

3.5.3 道路の種類と機能

道路には各種法令において定義されたものがあり，これら法令に基づく**道路の種類**は多数にのぼる。道路法では道路の管理主体によって高速自動車国道，一般国道，都道府県道，市町村道の 4 種類としており，道路構造令では「高速自動車国道および自動車専用道路」と「その他の道路」に大別して，これをさらに細かく種級区分している（***7.1*** 節参照）。

また，道路交通計画においては，その道路が担う都市施設としての機能面も考えてつぎの***1***)～***6***）のように区分されることが多い。

1）**自動車専用道路**（都市間高速道路，都市高速道路等）　都市に流出入する交通，また大都市内部の比較的長いトリップ（内々交通）を処理する。高架構造が多く，出入り地点が物理的に限られる。

2）**主要幹線道路**　交通量が多く，長距離や通過型トリップの占める割合の高い都市拠点間相互の交通等を処理する。自動車の円滑・快適な走行性が優先される。地域や都市の骨格を形成する。

3）**幹線道路**　主要幹線道路につながって比較的交通量の多い交通流動を処理する。自動車の円滑・快適な走行性が重視されるが，沿道へのアクセス性も配慮される。近隣住区レベルの地区の外郭，都市の骨格を形成する。

4）**補助幹線道路**　幹線道路を補完し，近隣住区レベルの地区内に発生集中する交通を処理する。各種道路交通の安全性確保，沿道へのアクセス性の配慮が重視される。地区の生活幹線的道路としての役割を持つ。

5）**区画道路**　トリップの起終点である土地・建物に出入りする交通を処理する。歩行者や自転車交通の安全・快適性が優先される。**生活道路**とも称される。

6）**特殊道路**　歩行者や自転車の専用道路，モールや緑道等がこれに当たる。

さて，都市の道路の持つ機能は多様であるが，大きくは**交通機能**と**空間機能**に分けられ，それぞれには**表*3.3***に示すような内容の機能がある。

交通機能は車や人の通行に供するという道路本来の機能で，空間機能は道路が存在することで生じる，あるいは道路空間を有効利用することで生じる副次的な機能であるといってよい。しかしながら，現在の都市は生活環境や防災性についても多くの問題を抱えており，道路が持っている空間機能の果たす役割について十分な認識を持っておかねばならない。

表 3.3 道路の機能

分類		内容
交通機能	トラフィック機能	自動車・自転車・人などの通行
	アクセス機能	沿道の土地・施設・建物などへの出入り
空間機能	環境機能	景観の構成，緑・緑陰の提供
	防災機能	避難・救援活動の通路，延焼防止
	施設収容機能	公共交通施設・供給処理施設・道路付属物の収容
	生活機能	日照・通風・採光，コミュニティー活動の場所
都市形成機能	市街地形成機能	都市・地区の骨格形成，街区の形成
	土地利用誘導機能	土地利用の誘導

3.5.4 道路網の構成

道路網の構成の仕方は自動車交通の流動の円滑性のみならず，道路交通全体の安全性，そして居住環境のよしあしに大きな影響を及ぼす。

自動車交通が大量かつ広域にわたる大都市には放射環状型の道路網が適しているとされる。また，道路網において主要な骨格をなす幹線道路について見ると，都市規模や土地利用によるが，500～1 000 m 程度の間隔で配置することが目安とされる。しかし，特有の地勢や歴史のもとに道路網が形成されているような都市では，一定の形や配置方法にこだわる必要はないであろう。

道路網の構成の考え方としては，以下のものが著名である。

〔*1*〕 **ブキャナンらによる段階的構成論** ブキャナンを中心に 1963 年にまとめられた“Traffic in Towns”に示された都市域レベルの道路網構成に関する考え方で，交通機能の異なる 4 種類の道路を段階的に構成し，自動車は居住地内部へは幹線分散路，地区分散路，局地分散路，出入路の順序でアクセスし，居住地外部へはこの逆の順序でイグレスすることとしている。この考

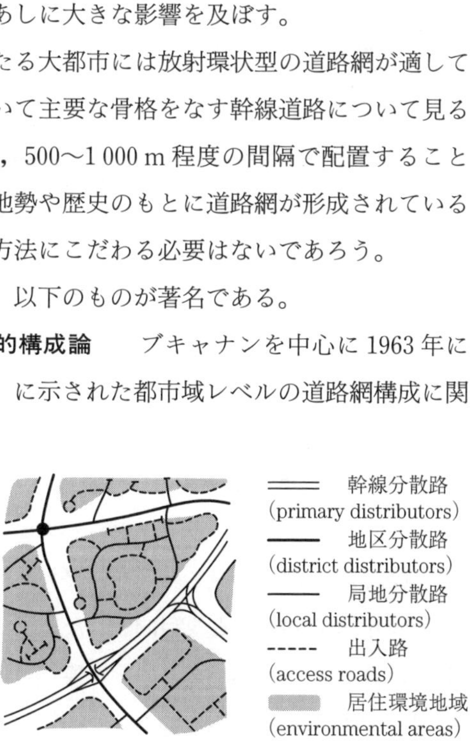

図 3.10 道路の段階構成の考え方[14]

え方は，都市の居住地域は，あたかも病院等の建物における廊下に対する部屋のように，通過交通の影響を受けない平穏な環境が維持されるべきとする理念に基づくもので，地区分散路で囲まれる地区をそのような環境を確保する**居住環境地域**としている（図 ***3.10*** 参照）。

〔***2***〕 **ペリーの近隣住区論**　C. A. ペリーが 1927 年に提唱した**近隣住区論**における住区レベルの道路網構成に関する考え方で，幹線道路を近隣住区の外郭を構成するものとし，住区内の道路網は格子型ではなく，通り抜けのできない袋小路型やループ型がよいとしている。住区に目的地を持たない自動車が住区の内部を通過することのないようにして安全・平穏な居住環境を確保しようとするものである（図 ***3.11*** 参照）。

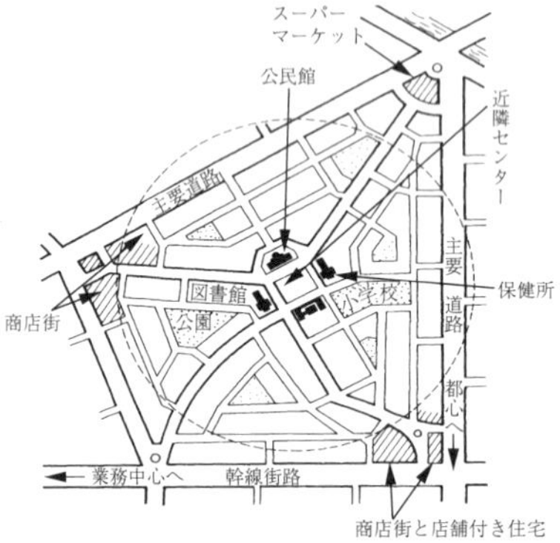

図 ***3.11***　ペリーの近隣住区[15)]

3.5.5 起終点交通施設

自動車はその“door to door”の機能によって急速に普及し，主要交通手段としての位置を占めるに至った。自動車がこの機能を支障なく発揮するには，道路整備とともに，トリップの両端を処理する**起終点交通施設**の整備も重要であって，ここでは，自動車ターミナル，自動車駐車場について述べる。

〔***1***〕 **自動車ターミナル**　自動車ターミナル法において定義される施設で，バスターミナルとトラックターミナルがある。**バスターミナル**は，同種または異種のバス間におけるバスサービスの利便化・効率化，あるいはバスと鉄道等との円滑な接続などを目的とした施設であり，複数の路線バスの接続，市内バスと長距離・高速バスとの接続等に適した場所，あるいは主要な鉄道駅に隣接した場所などに設置される。

トラックターミナルは，トラックによる貨物輸送の効率化などを目的とするもので，路線トラックターミナル（幹線路線間や幹線と端末集配間の積替えを行う）と集配トラックターミナル（貨物をエリアごとの集配トラックに仕分けする）がある。トラックターミナルには大型貨物車がかかわっている都市交通問題の緩和に寄与する機能もあり，その位置は都市周縁部の道路交通の要衝，高速道路のインターチェンジ周辺，貨物鉄道駅周辺などが適している。

〔*2*〕 **駐　車　場**　自動車の駐車場所(駐車場)は「自動車の保管場所の確保等に関する法律」による保管場所とこれ以外の場所に分けられる。後者については路上と路外があり，また専用と一般公共用に分類される(図 ***3.12*** 参照)。

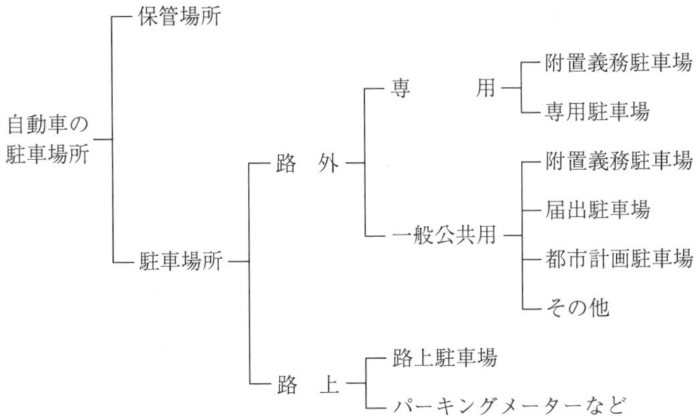

図 *3.12* 駐車場の分類[16]

駐車場には各種の法令で定義されたものがある。**路上駐車場**は「駐車場整備地区内の道路の路面に一定の区画を限つて設置される自動車の駐車のための施設であつて一般公共の用に供されるもの」(駐車場法2条1)，**路外駐車場**は「道路の路面外に設置される自動車の駐車のための施設であつて一般公共の用に供されるもの」(駐車場法2条2)である。

また，**附置義務駐車場**とは，地方公共団体の条例により，一定規模以上の建築物の新増設に際して設置が義務づけられた駐車場のこと，**届出駐車場**とは，一定規模以上の有料の路外駐車場で，その設置，規模などを都道府県知事に届け出る義務のある駐車場のこと，**都市計画駐車場**とは，都市計画で都市施設として定められた路外駐車場のことである。

多くの都市では駐車場不足が深刻であり，自動車の機能を生かせないという問題に加えて，多量の路上駐車が発生して交通の円滑性が阻害され，交通事故の発生を招き，消防・救急活動に障害が生じるという問題を抱えている。

こうした**駐車問題**に対しては，今後における駐車需要と可能な駐車場整備量を算定し，これをもとにして駐車場附置の義務化，既成駐車場の有効利用方策(駐車場案内システムの導入，各駐車場の一体的統合運用等）などを検討するとともに，駐車需要の抑制や違法駐車を抑制・排除する方策も考えて，総合的に対応することが重要である。

3.6 地区交通計画

3.6.1 地区交通

都市交通計画の内容は計画対象地域の広さによって変わり，**幹線交通計画**と**地区交通計画**に分けられる。前者は主要な公共交通機関や道路を利用する比較的広域にわたる交通を扱い，後者は一定の大きさの住区や商業・業務地区等における身のまわりの交通を扱う。

わが国において身のまわりの交通，すなわち**地区交通**への対応の重要性が認識され始めたのは，交通事故や交通公害が強く社会問題化した1970年頃のことで，人々の日常生活は自動車によって脅かされることなく安全かつ安心な交通環境の中で営まれるべきとの考えのもと，地区を基礎単位として，自動車利用の抑制と歩行者・自転車事故の防止をおもな目的とする対策が推進されるようになった。自動車は地区の日常生活に種々の利便をもたらすため，自動車利用の抑制には当初は反論もあったが，今日では異論のないところとなっている。

地区交通は，地区にかかわる多様な人々によってなされ，短距離トリップが中心の生活密着型の交通である。地区には高齢者や障害者も生活し，経済的に公共交通機関に依存せざるを得ない人々も少なくない。成熟した福祉型の社会の構築を目指すとき，こうした**交通弱者層**（transportation poor）に配慮した交通システムの整備も，自動車利用の抑制とともに今後の地区交通計画の重要な課題として挙げられる。

3.6.2 地区交通の管理運用

地区道路は地区を囲む外周道路とその中の内部道路に分けられる。外周道路は地区に用事のない自動車トリップの処理を優先する道路であり，自動車交通主体の設計，交通運用が行われる。一方，内部道路では自動車よりも歩行者や自転車の通行を優先する道路網の構成，道路整備，交通運用が行われる。こうした考え方の原型は近隣住区論（*3.5.4* 項参照），**ラドバーン計画**（図 *3.13* 参照）に見ることができる。

内部道路は，一般に細街路であり，その沿道も建て込んでいる場合が多い。したがって，道路の拡幅は特別な事業による場合以外は困難で，自動車交通に対応するには別の方策を講じる必要がある。

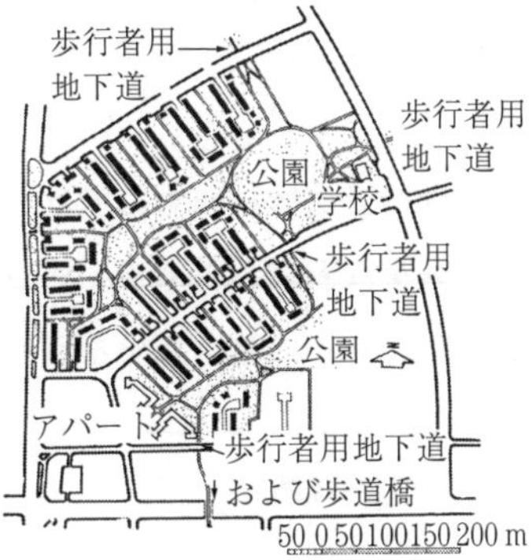

図 *3.13* ラドバーン計画の基本[17)]

地区交通の管理運用方策には種々のものがあるが，ソフトな方策の代表的なものに総合的交通規制がある。これは，各種の交通規制を総合的に地区の道路・交通の状況に応じて網目模様にかけ[18)]，もって自動車交通を制御し居住環境の静穏化を図るもので，大都市やその近郊の多くの地区で導入されている実施の比較的容易な方法である。他のハードあるいはソフトな方策については以下の各項に関連して述べることにする。

3.6.3 コミュニティー道路

歩行者の交通安全を図る考え方には，**歩車分離**と**歩車共存**という二つの対照的な考え方がある。前者は，空間的または時間的に歩車分離することによって自動車対歩行者の事故を根本的になくそうとするもの，後者は，自動車の走行速度等を強く抑制することによって強者である自動車と歩行者の共存を可能にしようとするものである[19]。

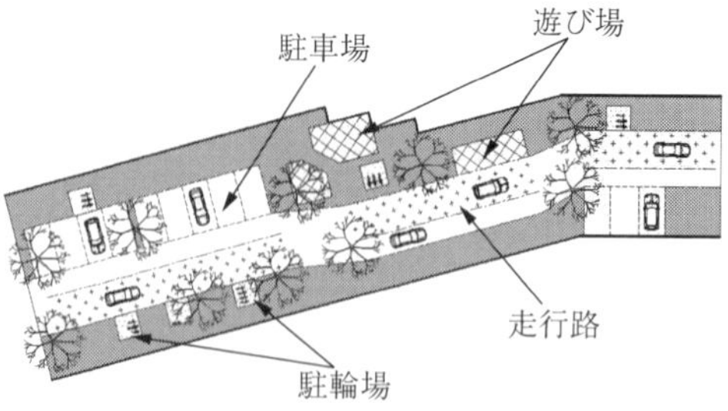

図 3.14　ボンネルフの例[20]

歩車共存の考え方は，1971年にオランダのデルフトで導入された**ボンネルフ**に由来する。ボンネルフの道路幅員は広く，路上には駐車場所や子供の遊び場があり，自動車の通路は屈曲したり狭くなったりしている（図 3.14 参照）。

コミュニティー道路はボンネルフの思想，手法を取り入れて発展した日本的な**歩車共存道路**であって，わが国の道路・交通事情を反映して空間的歩車分離が行われるなど，ボンネルフとはかなり内容を変えている。コミュニティー道路は今日では珍しいものではなく，最近では自動車を低速走行させるために，**クランク**などの屈曲車路，道路を盛り上げた**ハンプ**，走行路を狭めた**狭窄**（きょうさく）といったデバイスを導入する例も増加している（図 3.15 参照）。

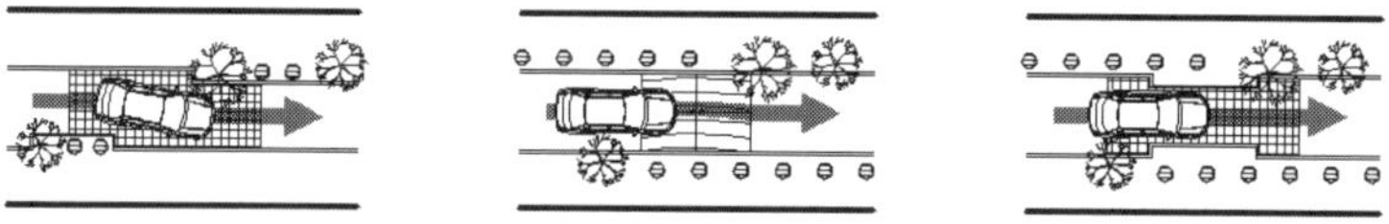

（a）クランク　（b）ハンプ　（c）狭　窄

図 3.15　速度抑制方策の例[21]

3.6.4　自転車交通の管理運用

自転車は免許なしに乗れる手軽な私的交通手段である。悪天候時や坂道では使いづらくなるという弱点を持つが，全国の保有台数は 8 600 万台（2004 年）を超えており，機動性に優れた環境に優しい短距離の交通手段として都市交通計画においてもなおざりにできない存在となっている。

自転車は手軽に利用できるという一方，大量の放置駐車や重大な交通事故を招きやすいという面を持っている。このため適切な管理運用が必要となり，また自転車の持つ機能を生かすには走行環境の改善を図る必要がある。

自転車交通に関する計画課題は二つに大別される。一つは鉄道駅周辺や繁華街等における駐車対策，もう一つは安全・快適な利用に向けての走行空間対策である。すなわち，前者に関しては自転車駐車場（駐輪場）等の整備，これと連動した条例等による放置を取り締まる施策が必要であり，後者に関しては次項で述べる自転車道等の整備，骨格となる自転車道等を補完してネットワークを形成する通行路の整備が必要である。

なお，公共交通の不便地等において，自転車を共同利用する1拠点型の**都市型レンタサイクルシステム**（RCS）や複数拠点型のコミュニティーサイクルシステム（CCS）の導入が検討されているが，鉄道駅を拠点とするRCS（**図 *3.16*** 参照）はともかく，CCSは社会実験のレベルにとどまっている。

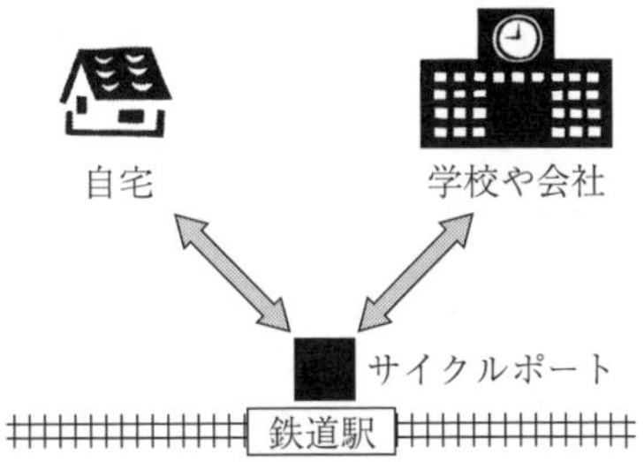

図 *3.16*　都市型レンタサイクルシステムの概念図

3.6.5　歩行者と自転車の通行空間

地区交通計画においては，歩行者や自転車などの弱者が安全に，そして安心して通行できる空間の確保を図ることが重要である。この課題に対する方策を示せば，都市部地区の道路・交通事情から容易なことではないが，道路整備や交通規制等のハードウェアやソフトウェアの方策を種々導入し，歩行者や自転車などに通行の専用権や優先権を与える道路または道路の部分を設けること，およびそれらのネットワーク化を図ることとなろう。

歩行者，自転車について通行の専用権または優先権を持つ空間を整理すると**表 *3.4*** に示すようになる。なお，**自転車道**は道路法で定義されており，道路の一部分空間である。一般に，自転車道という言葉は「自転車道等の設計基準」において定義されている**自転車道等**，すなわち自転車専用道路（道路構造

表 3.4　歩行者，自転車の通行空間（専用権または優先権を持つもの）

歩行者	自転車	関連法令
自転車歩行者専用道路	自転車歩行者専用道路 自転車専用道路	道路構造令
歩道 自転車歩行者道	自転車歩行者道 自転車道 自転車専用通行帯	道路法
車両通行禁止道路 （歩行者用道路） 路側帯 駐車停車禁止路側帯 歩行者用路側帯	車両通行禁止道路 自転車通行可指定歩道 路側帯 駐車停車禁止路側帯	道路交通法

コーヒーブレイク

自転車はコウモリ？（人か車か？）

近年，地球環境問題もあって，自転車がまた各方面でかなり取り上げられている。“また”というのは，1970 年頃に，自転車の利用が急増して，交通事故の増加と鉄道駅周辺における大量駐輪が大きな社会問題となったからである。その後も，モータリゼーションが進展し，公共交通サービスの不便地に住む人が増え，自転車も買いやすくなって利用の増加が続き，自転車の安全な通行空間の確保と放置駐輪対策が都市交通行政の一角を占めるようになった。

昨今，鉄道駅周辺における放置駐輪問題は対応が進んでかなり改善されている。この一方，自転車利用者が安心して走れる通行空間確保への対応はあまり進んでおらず，人々は車におびえながら車道を走ったり，狭くて凹凸の繰り返す歩道を不快に思いながら走ったりしている。また，その場所の状況に応じて，時には軽車両のドライバーになって車道を通行し，時には歩行者のように歩道（法規上は“自転車通行可”の指定のある歩道）を通行している。

1970 年頃に“自転車はコウモリ？”といわれた現象を生んだ道路交通事情が，貧弱な都市部の道路空間ストックと活発な交通需要を背景にいまだ引き続いているわけであるが，近年また，自転車事故の増加が注目を集め，自転車の安全な走行空間の創出・確保が議論・検討され始めている。誰もが手軽に利用でき，環境に優しい自転車を安全・快適に利用できるかどうかは，その町の生活アメニティのレベルを規定する面を持つと考えられ，今回の議論・検討が自転車走行環境の大幅な改善に確実につながることが期待される。

令)，自転車歩行者専用道路（道路構造令)，自転車道，自転車歩行者道（道路法）の4種すべてを指して使われていることが多く，注意が必要である。

演　習　問　題

【1】 都市ができるのはなぜか。また，都市が拡大するのはなぜか。

【2】 都市の土地利用で，図 ***3.1*** に示す土地利用主体の付け値は，都心からの距離に対して右下がりの関係となるのはなぜか。商業や住宅などの土地利用で，具体的に説明せよ。

【3】 都市成長と土地利用パターンにおいて，同心円型から扇型となり，さらに，多心型へと都市が成長する過程を，人口増加・交通整備などの語句を用いて具体的に示せ。

【4】 わが国の3大都市圏（東京都市圏，京阪神都市圏，中京都市圏）で，鉄道や自動車の利用割合に大きな差が見られるのはなぜか。その理由を示せ。

【5】 総合交通体系のもとに実施される交通計画と比較して，道路計画や鉄道計画などの手段別交通計画にはどのような問題が生じるか示せ。

【6】 交通手段の適性において，利用密度が高くてトリップ長の長い交通が鉄道に適し，トリップ密度の低い交通が自動車に適するのはなぜか。

【7】 大都市の主要な交通機関である地下鉄（都市高速鉄道）は「どのようなトリップをどのように輸送しているか」について箇条書きせよ。

【8】 バスと自転車について，鉄道端末交通手段としての長所と短所を書き出せ。また，両者の競合性について考察せよ。

【9】 自分の家を中心とする半径1 km 程度の地域について，道路網の様子，それぞれの道路の種類を調べよ。

【10】 路上に駐車する車両が道路交通に及ぼす影響は少なくない。これを実際に観察し，見られた現象，その状況について報告せよ。

【11】 空間的歩車分離，時間的歩車分離の例をいくつか挙げよ。

【12】 コミュニティー道路を視察（または，実例について文献調査）せよ。

4

交通流と交通容量

道路交通の現象はさまざまな要因が関係し，構成されている。道路上では，車両がさまざまな目的のもとそれぞれ独立に行動をしており，これら車両群の挙動を交通流という。この交通流は，車両と道路構造の関係と交通需要の変化という二つの要因に大きく影響を受ける。前者は道路の車線数や交差点形状，副道との連結などであり，後者は交通主体の行動する時間帯による交通需要量の変化，また長期的に見ると，都市内の土地利用状況の変化による発生・集中交通量の変化である。

交通流の特性を表現する指標には，交通流率，交通密度，平均速度などネットワークあるいは路線について表現する方法と車頭時間や車頭距離など個々の車両間の関係を表現する方法がある。以下にその指標を定義し，交通流の定量化について説明する。また，交通量を把握した上で，道路整備の基礎となる交通容量の考え方について説明する。

4.1 車両の挙動

4.1.1 時間 - 距離図

ある車両の走行の状態を時間と走行距離について示したものが**時間-距離図**と呼ばれる。時間と距離の基本的な関係は，(走行距離)＝(速度)×(時間) として知られている。この関係を，横軸に時間，縦軸に走行距離をおいて示すと**図 *4.1*** のようになり，瞬間速度（spot speed：微小時間当りの走行距離＝$\Delta x/\Delta t$）は図中では傾きとして表される。さらに図中の直線は車両の前方バンパーの先端（実線）と後方バンパーの先端（一点鎖線）の軌跡を表したものであるため，車長の分だけ遅れて移動している。図は，ある区間距離 X の路線

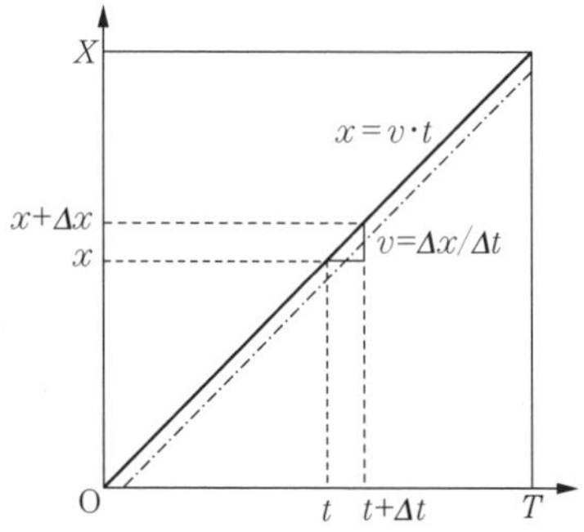

図 *4.1*　時間-距離図

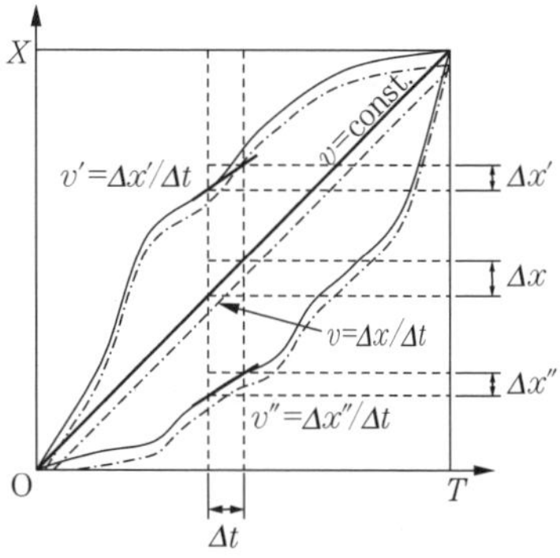

図 *4.2*　走行速度が一定ではない例

上を一定速度 v で走行した場合の時間変化を示したものである。しかし，ある一定の区間距離の路線上を同じ時間 T で走行したとしても，その区間内の走行速度は一定とは限らない。**図 *4.2*** の折れ曲がった線は走行速度が一定ではない例を示している。実際の車両の走行を見ても，一定の速度で走行するものは少なく，つねに速度は変化しながら車両は走行している。

図 *4.3* は複数の車両が路線上に存在する場合の走行状態を示したものであ

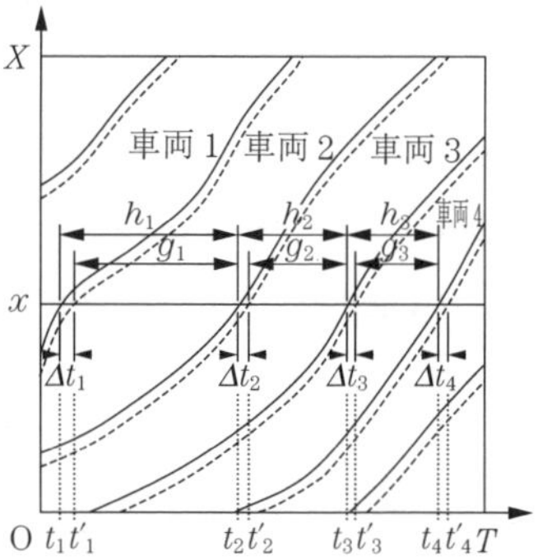

t_i　：車両 i の車頭の通過時間
t_i'　：車両 i の車尾の通過時間
h_i　：i 番目と $(i+1)$ 番目車両の車頭時間
g_i　：i 番目と $(i+1)$ 番目車両の車間時間
Δt_i：i 番目車両の x における占有時間

（a）　時　間

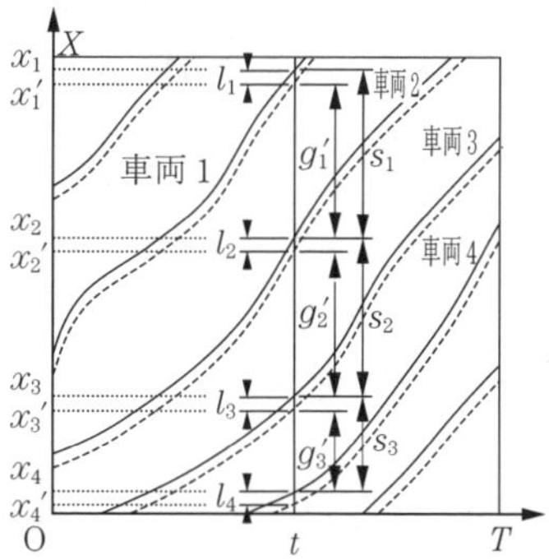

x_i：時刻 t における車両 i の車頭の通過位置
x_i'：時刻 t における車両 i の車尾の通過位置
s_i　：i 番目と $(i+1)$ 番目車両の車頭距離
g_i'：i 番目と $(i+1)$ 番目車両の車間距離
l_i：車長（空間占有長）

（b）　距　離

図 *4.3*　車群の時間-距離図

る。ここで，ある地点 x における各車両の位置関係を考える（図（a）参照）。このとき，図中に車頭時間 h_i（$=|t_i-t_{i+1}|$），車間時間 g_i（$=|t_i'-t_{i+1}|$），占有時間 Δt_i（$=|t_i-t_i'|$）を示している。また，ある時刻 t における各車両の位置関係を考えると（図（b）参照），車頭距離 s_i（$=|x_i-x_{i+1}|$），車間距離 g_i'（$=|x_i'-x_{i+1}|$），車長 l_i（$=|x_i-x_i'|$）を示している。これらが交通状況を表現するための基本的な状態量であり，観測されるデータである。

4.1.2 測 定 方 法

4.1.1 項で示したように，車両の走行状態を観察する方法として，ある地点で観測する方法と，ある時間で観測する方法がある。この二つの状態を測定する方法として，地点観測と区間観測がある。

〔1〕 **地 点 観 測**　　**地点観測**は，ある地点（図 **4.3**（a）の x 地点）において，走行する車両の状態を観測時間 T にわたって測定するものである。これは，観測員が計測機器を用いて測定，また車両感知器による自動観測などで行われる。測定されるのは車両の通過時刻であり，これより交通流率，占有率（時間オキュパンシー），時間平均速度などが観測される。また，一般に行われる交通量調査も地点観測である。

〔2〕 **区 間 観 測**　　**区間観測**は，ある時刻 t のある区間長 X 上に存在する車両の状態を観測するものであり（図（b）参照），航空写真などによる観測が代表例である。この観測からは時刻 t における車両の位置関係が測定され，交通密度，占有率（空間オキュパンシー），空間平均速度などが観測される。

4.2 交 通 流 の 表 現

4.2.1 平 均 速 度

車がある路線上の特定地点を通過するときの瞬間的な速度を地点速度といい，何台かの車の地点速度を平均したものを**平均速度**（mean speed）という。

これには，2 種類の算出方法がある。

〔*1*〕 **時間平均速度**　**時間平均速度**（time mean speed）は，測定地点を1箇所に固定して，ある時間の間に通過する車の地点速度を測定し，その算術平均をとって得られる値（**図 *4.4*（*a*）**参照）であり，**平均地点速度**ともいう。

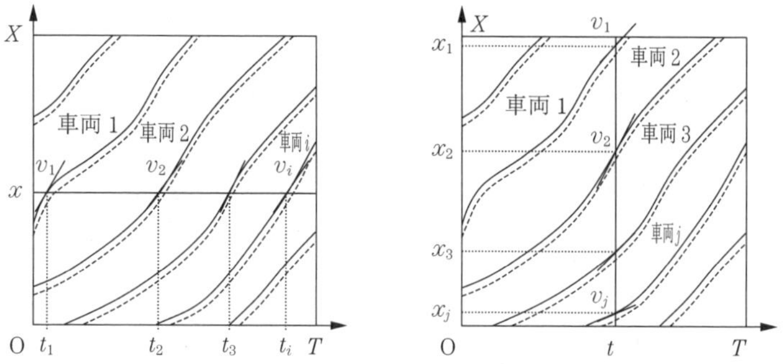

（*a*）　時間平均速度　　（*b*）　空間平均速度

図 *4.4*　車群の時間-距離図

〔*2*〕 **空間平均速度**　**空間平均速度**（space mean speed）は，測定時間をある瞬間に固定して，その瞬間にある区間上に存在する車のそれぞれの地点での地点速度を測定して，その算術平均をとった値（図（*b*）参照）である。

両平均速度は，それぞれ式（*4.1*），（*4.2*）で求められる。

$$\text{時間平均速度}\ v_t = \frac{\sum_{i=1}^{n} v_i}{n} \tag{4.1}$$

$$\text{空間平均速度}\ v_s = \frac{\sum_{j=1}^{m} v_j}{m} \tag{4.2}$$

n は計測時間内に観測地点を通過した車両数，m は時刻 t における計測区間内に存在する車両数である。

時間平均速度は，空間平均速度と比べるとはるかに測定が容易であり，通常，平均速度といえば時間平均速度のことを指す。両平均速度間には式（*4.3*）のような関係があり，一般には時間平均速度の方が少し大きくなる。

$$v_t = v_s + \frac{\sigma_s^2}{v_s} \tag{4.3}$$

ここで，σ_s^2 は v_s まわりの分散で，全車の速度が一定のとき（$\sigma_s^2=0$），両平均速度は一致する。

4.2.2　交通量，交通流率，交通密度

交通量（traffic flow volume）とは，道路のある地点を，単位時間，例えば1時間，昼間12時間，1日などの間に通過する自動車・自転車・歩行者などの数である。特に断らない場合は自動車についてのものである。

交通量は時間的な特性を強く受けるため，集計の時間単位によって異なる。この交通量の集計方法としては以下のようなものがあるが，どの値を用いるかによって道路の規格が変わる上，利便性についても影響があるため，それぞれの特性を理解しておくことも重要である。

1）　**日交通量（*24* 時間交通量）**　平日は午前7時～翌日7時の24時間に観測された交通量，休日は午前3時～翌日3時の24時間に観測された交通量。

2）　**平均日交通量**　ある期間内の全交通量をその期間の日数で除して得られる値。一般には期間を1年間とする。

3）　**年平均日交通量**　ある地点の年間の全交通量を年間日数で除して得られる値。

4）　**昼間12時間交通量**　午前7時から午後7時までの間の総交通量。日交通量の観測には費用がかかるため，昼間12時間交通量を観測し，昼夜率（24時間交通量の昼間12時間交通量に対する比）を乗じて推定日交通量を求める場合もある。

5）　**年間最大時間交通量**　1年間にわたる各1時間ごとの交通量のうち，最大のものをいう。1番目時間交通量ともいう。

6）　**30番目時間交通量**　1年間にわたる各1時間ごとの交通量のうち，30番目に大きい交通量をいう。30番目時間交通量が特に重要であるのは，道路設計における設計時間交通量として採用されるためである。ここで，年平均

昼間12時間交通量に対する30番目時間交通量の割合をK値といい，設計交通量をK値で割ることで評価基準交通量が算出される。この評価基準交通量に対する実際に通過した交通量の比が混雑度と定義され，道路の交通状況を評価する指標として使用されている。また，年間の時間交通量の変動特性から，(30番目時間交通量)/(1番目時間交通量）の全国的な平均値は，地方部道路＝0.75，都市部道路＝0.80である。

7）**ピーク時間交通量**　24時間中の連続する60分間の最大の交通量。1日のうちでの最大時間交通量を指す。

8）**交通流率**　**交通流率**（rate of flow，flow rate）は，車線または車道のある断面を，通常1時間未満のある時間内に通過する自動車，自転車，歩行者などの台数を1時間当りに換算した値であり，時間交通量と一致する。地点観測により観測される。

9）**交通密度**　**交通密度**（traffic density，traffic concentration）は，ある瞬間に単位長さの走行車線上に存在する車両の数であり，通常，〔台/km〕の単位で表す。区間観測により観測される。

4.2.3 占　有　率

占有率（occupancy）とは道路を走行する車両群が，時間的，空間的に道路を占有する割合のことであり，**オキュパンシー**ともいう。個々の車両の走行状況を時間-距離図として表した場合（**図*4.5***参照），**時間オキュパンシー**（time occupancy；O_t）はx地点に車両が存在した場合の時間的長さの割合であり，また**空間オキュパンシー**（space occupancy；O_s）は時間tにおいて区間X上に車両の占める長さの割合で示され，それぞれ式（*4.4*），（*4.5*）で求められる。

$$O_t=\sum_{i=1}^{n}\frac{\Delta t_i}{T} \tag{4.4}$$

$$O_s=\sum_{j=1}^{m}\frac{\Delta l_j}{X} \tag{4.5}$$

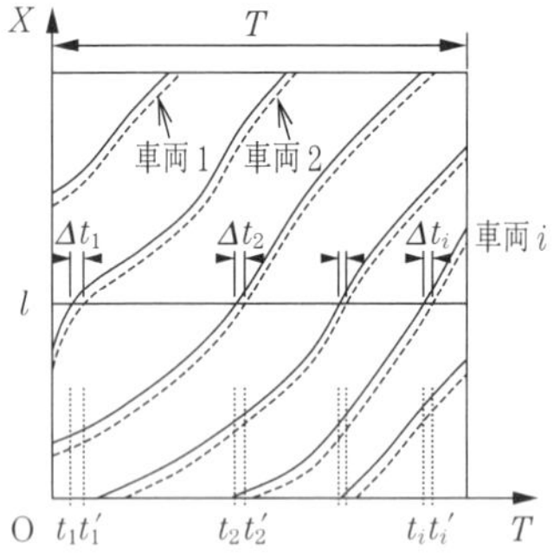

（a） 時間オキュパンシー

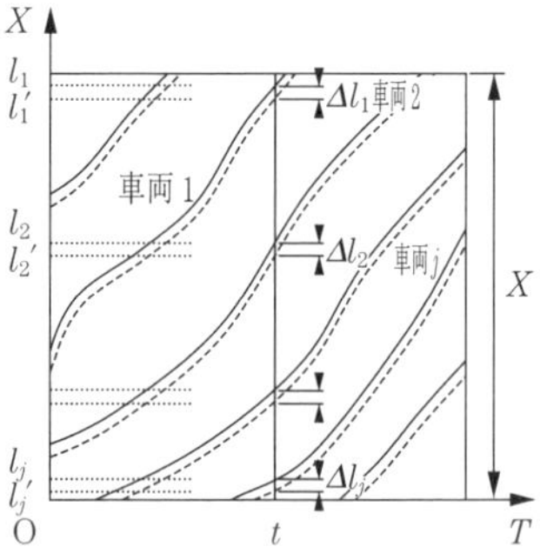

（b） 空間オキュパンシー

図 4.5 占 有 率

Δt_i は車両が計測断面で感知された時間（占有時間），T は計測時間，l_j は車両 j の車長，X は計測区間長である。また，n は計測時間内に観測地点を通過した車両数，m は時刻 t における計測区間内に存在する車両数である。

近年の車両感知器の普及により，時間オキュパンシーが測定され，道路網における渋滞状況の判定や旅行時間の算定に利用されている。一方，空間オキュパンシーは交通密度と同様，測定が困難で実際に利用されていない。したがって，通常オキュパンシーといえば時間オキュパンシーを指す。

4.3 交通流の特性

4.3.1 交通流の基本的な性質

交通流（traffic flow）は，道路上を同じ方向に進行している車両あるいは歩行者の交通の集まりであり，通常は車両交通を指す。交通流を表現する基本的な状態量には交通量 q，空間平均速度 v，交通密度 k があり，$q=k\cdot v$ の関係がある（**図 4.6** 参照）。これは以下のように考えられる。

いま，交通流を 1 km ごとに分けて見てみると，その区間内には k 台の車両が走行している（＝交通密度 k）。この 1 km の車両群が観測断面を通過すると，交通量 q は k〔台〕となる。1 時間観測を続ける（すなわち，時間交通

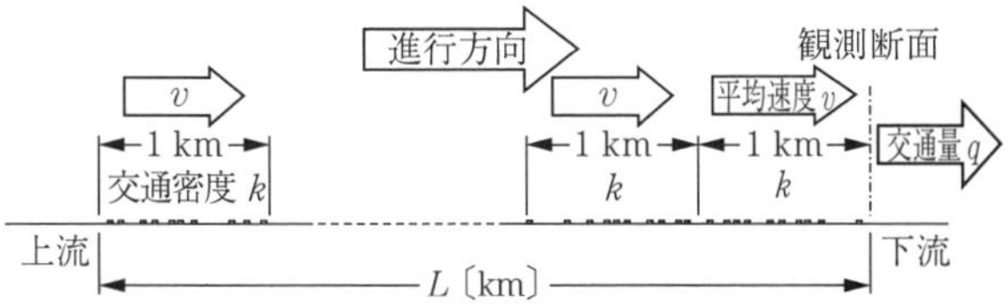

図 4.6 $q=k\cdot v$ の関係

量 q〔台/h〕を観測する）と，1 時間後に通過する車両は観測断面より L〔km〕上流を走行している車両になる。つまり，交通密度 k の車両群が $L=v$〔km/h〕×1〔h〕$=v$〔km〕，すなわち v〔個〕通過する。したがって，1 時間で通過する交通量（時間交通量；〔台/h〕）は $q=k\cdot L=k\cdot v$ の関係が得られる。

また，交通流は交通量が最大となる臨界点を境にして，各車両が自由に走行できる自由流（非渋滞流）領域と，下流から受ける影響のために走行の自由が拘束される渋滞流領域の二つの状態に分けることができ，これら二つの状態で特性が大きく異なる。

以上の 3 者はそれぞれが相関関係を持ち，q-v 相関，k-v 相関，k-q 相関は交通流を考える上で重要な関係である。以下に，この関係を説明する。

4.3.2 交通量と平均速度（q-v 相関）

横軸に交通量，縦軸に平均速度をとると，両者の関係は**図 4.7** のようになる。交通量が少ないとき，速度は大きく（速く），交通量が増加するにつれ速度は減少する。そして，交通量が最大になると，速度が減少するにつれ交通量も減少し，この最大値の前後で自由流と渋滞流にその流れが分けられる。また，点 A の状態のとき，原点から引かれた線分 OA の傾き（$=q/v$）が交通密度を表す。

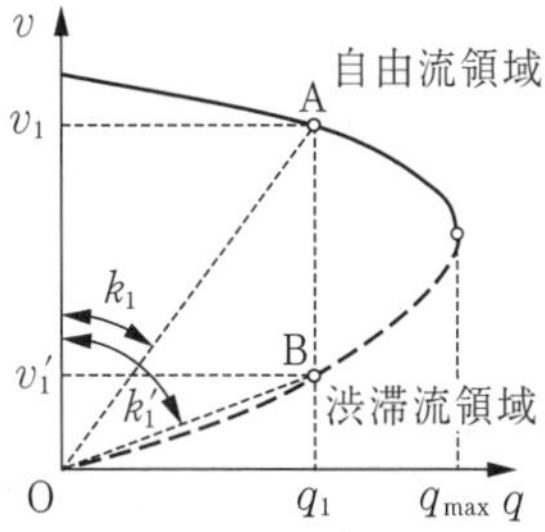

図 4.7 q-v 相関

q-v 相関においては，一つの交通量に対して二つの速度が存在する。いま，交通量 q_1 に対して v_1 と v'_1 があり，それぞれの交通密度 k_1，k'_1 を比べると，

$k_1 < k'_1$ という関係にある。点 A のような自由流領域では走行速度は速いが，走行している車両の実台数が少ないため，ある地点を通行する車両の台数として観測される交通量は q_1 となる。一方，点 B のような渋滞流領域では走行速度は遅いが，車両の実台数が多いため，交通量は点 A と同様の交通量 q となる。

4.3.3 交通密度と平均速度（k-v 相関）

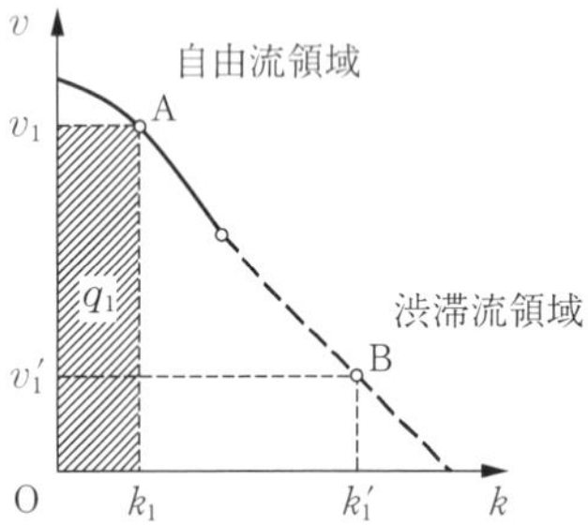

横軸に交通密度，縦軸に平均速度をとると，両者の関係は図 4.8 のようになる。交通密度が小さいとき，速度は大きく（速く），交通密度が増加するにつれ速度は減少する。また，点 A の状態のとき，斜線部の面積（＝ $k \cdot v$）が交通量を表す。

交通密度は道路の混雑度を表すものであり，k が大きくなる，すなわち混雑度が大き

図 4.8　k-v 相関

(a) B. D. Greenshields, E. S. Olcott　　$v = v_f\left(1 - \dfrac{k}{k_j}\right)$

(b) H. Greenberg　　$v = c \ln\left(\dfrac{k_j}{k}\right)$

(c) L. C. Edie　　$v = v_f\, e^{-\frac{k}{k_0}}$：非渋滞流　　$v = c \ln\left(\dfrac{k_j}{k}\right)$：渋滞流

(d) R. T. Underwood　　$v = v_f\, e^{-\frac{k}{k_0}}$

(e) D. R. Drew　　$v = v_f\left\{1 - \left(\dfrac{k}{k_j}\right)^{\frac{n+1}{2}}\right\}$

(f) J. Drake　　$v = v_f\, e^{-\frac{1}{2}\left(\frac{k}{k_0}\right)^2}$

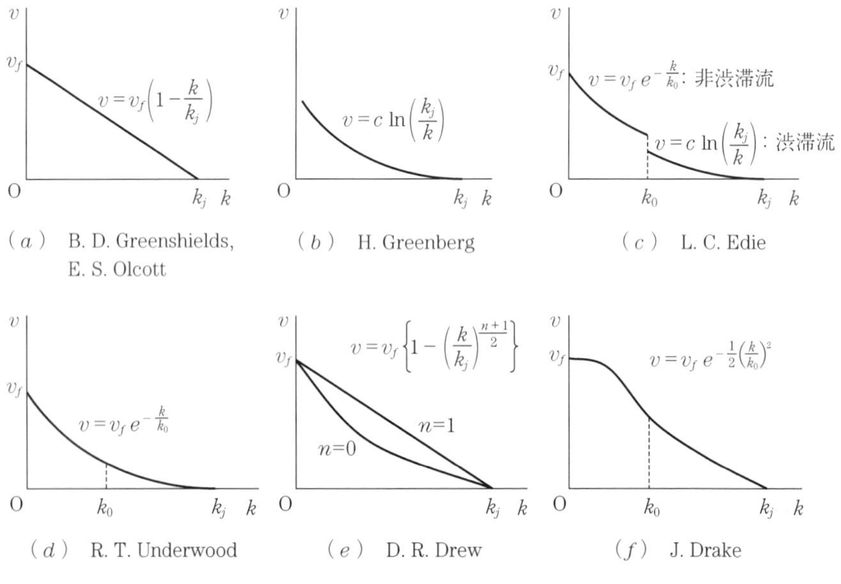

図 4.9　k-v 曲線

くなると，車頭間隔の減少に伴い速度が減少する。また，点 A，B において交通量 q は等しくなることがわかる。

速度-密度曲線については，多くの研究者がさまざまな関数形を誘導しており，それらのいくつかを**図 4.9** に示す。

4.3.4 交通密度と交通量（q-k 相関）

横軸に交通密度，縦軸に交通量をとると，両者の関係は**図 4.10** のようになる。交通密度が低いとき交通量は多く，交通密度が増加するにつれ交通量は増加する。そして，交通量が最大になると，交通密度が増加するにつれ交通量は減少する。この最大値の前後で自由流と渋滞流とその流れが分けられる。また，点 C の状態のとき，原点から引かれた線分 OC の傾き（$=q/k$）が平均速度を表す。

q-k 相関においては，二つの交通密度に対して一つの交通量が存在する。これについても，低密度・高速の自由流領域と高密度・低速の渋滞流領域においてそれぞれ交通量が観測されるためである。

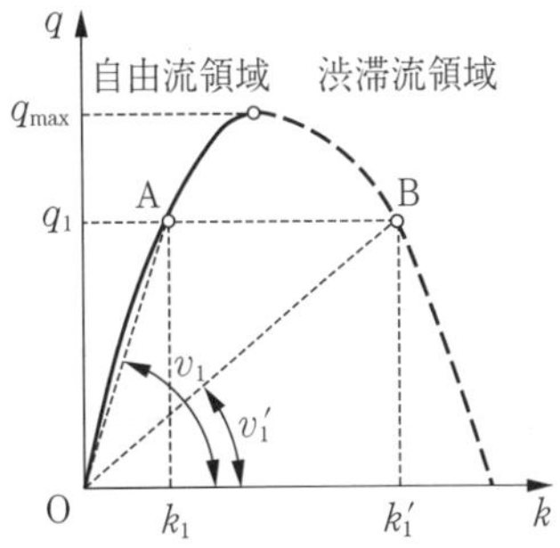

図 4.10　q-k 相関

4.3.5 交通流の特性値

平均速度，交通密度，交通量の関係を**図 4.11** に示した。まず，q-k 相関において交通量が最大となる点を**最大交通量** q_c という。最大交通量が走行する時の速度を**臨界速度**（critical speed）v_c といい，またこの時の交通密度を**臨界密度**（critical density）k_c（$=q_c/v_c$）という。最大交通量を境に交通流の様相は自由流と渋滞流に区別される。交通量が 0 のときの速度を**自由速度**（free speed）v_f といい，また k_j（速度，または交通量が 0 となる交通密度）は**飽和密度**（jam density）と呼ばれる。

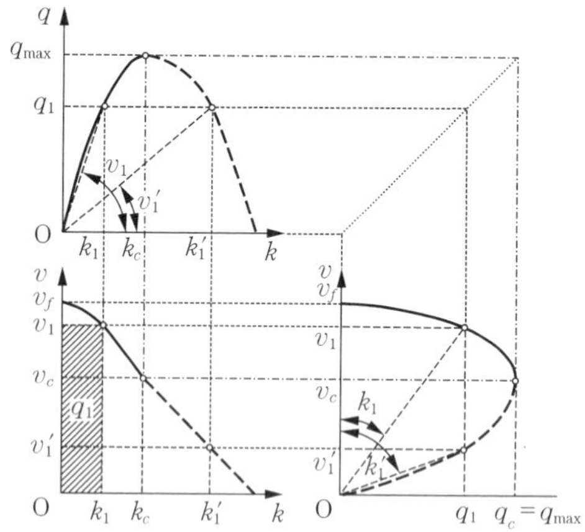

図 4.11　交通流の特性値

4.3.6　交通特性の定式化

交通流率，交通密度，速度の3者の関係から道路の通過可能な最大交通量（交通容量）について考える。いま，道路上の（空間平均）速度 v〔km/h〕と交通量 q〔pcu/h〕，密度 k〔pcu/km〕の間には

$$q = k \cdot v \tag{4.6}$$

なる関係がある。ここで，pcu は passenger car unit の略で，大型車などの乗用車以外の車両1台を自動車交通量に換算した自動車換算交通量である。また，速度 v と密度 k には近似的に

$$v = v_f - \frac{v_f}{k_j} k \tag{4.7}$$

なる線形関係（B.D. Greenshields，E.S. Olcott の速度-密度曲線）があることが知られている。ここで，v_f はゼロフロー時の速度（自由速度），k_j は速度が0のときの密度（飽和密度）である。これらの関係より，速度 v と交通量 q の間に式（4.8）の関係が得られる。

$$\left.\begin{aligned} &v-v_f+\frac{v_f}{k_j}k=v-v_f+\frac{v_f}{k_j}\frac{q}{v}=v^2-v_f\cdot v+\frac{v_f}{k_j}q=0 \\ &q=k_j\cdot v-\frac{k_j}{v_f}v^2=k_j\cdot v\left(1-\frac{v}{v_f}\right) \end{aligned}\right\} \quad (4.8)$$

これは速度に関する2次関数であり，これより道路を通過可能な最大交通量 C_a（＝可能交通量）は，速度が $v_f/2$ のときに $k_j\cdot(v_f/4)$ と理論的に見いだすことができる。

4.4　道路が提供するサービス

4.4.1　交　通　容　量

道路の設計（車線数，車道幅や道路施設などの配置など）は交通量を基礎に行われるが，交通量は道路の利用特性や位置的な条件からつねに変動している。そのため，道路の設計においてはその道路の役割を明確にし，交通特性を予測し，適切な道路の構造を検討しなければならない。以下に交通量の時間変動の特性を示す。

〔1〕　季節変動・月変動　図4.12は月別交通量変化の例を示したものであり，縦軸は月間係数を表している。この値は，年間平均交通量を1.0としたときの月別交通量の比率である。この図から，都市部と地方部の交通量は4月から12月にかけて1.0付近の値であり，変動が少ないことがわかる。しかし，1月に一度減少した後，3月にかけて増加する傾向がある。一方，観光道路については5，7，8，3月においては需要が増大している一方で，その他の

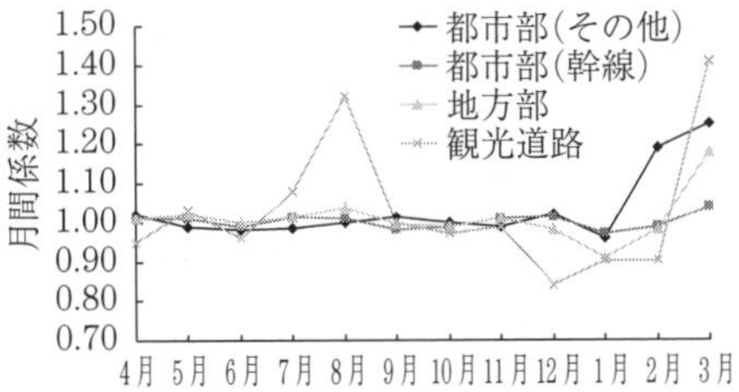

図 4.12　月別交通量変化の例[2)]

月については年間平均交通量を下回っている。また月間係数は，最大で1.4，最低で0.8と変動の幅も大きく，交通需要の季節変動があることがわかる。

〔*2*〕 **曜日変動**　　図***4.13***は曜日別交通量変化の例を示したものであり，縦軸は曜日係数を表している。この値は，週平均交通量を1.0としたときの曜日交通量の比率である。ここで，曜日交通量においては土，日曜日に極端な偏りがある。また，一般の道路においては週平均交通量と一致するが，土，日曜日に減少する。一方，観光道路においては土，日曜日に大きな交通需要が発生しているが，平日は極端に減っていることがわかる。

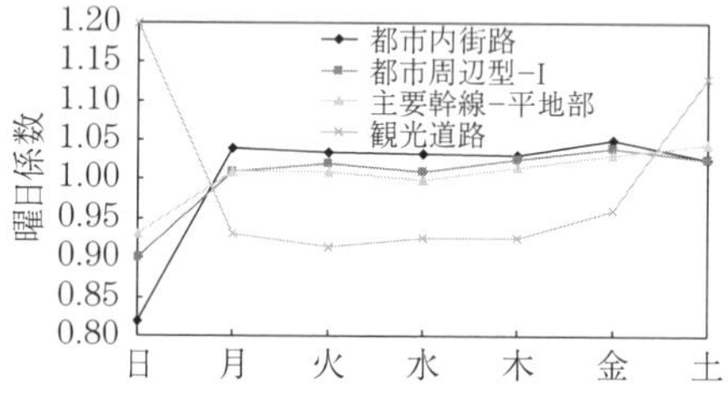

図 *4.13*　曜日別交通量変化の例[2)]

〔*3*〕 **24時間変動**　　道路は，日常生活活動を支えることが主体の道路から，生活必需品，産業生産物などを運搬することが主体の道路まで多様である。これらの特性は，前者の場合は人間が生活する朝7時から夜7時までの昼間12時間における交通量が多くなり，後者の場合には，夜間12時間における交通量が多くなる傾向を持っている。このような観点から道路の特性を示す指標である昼夜率（1日24時間の交通量を昼間12時間交通量で割った値）を**表 *4.1*** に示した。

表 *4.1*　昼　夜　率[2)]

道路の種類	沿道状況別			
	市街地	平　地	山　地	平　均
一般国道（直轄）	1.37	1.33	1.37	1.35
一般国道（その他）	1.34	1.26	1.25	1.29
一般国道計	1.36	1.31	1.34	1.34
主要地方道	1.34	1.25	1.28	1.30
一般地方道	1.32	1.27	1.26	1.29

道路計画においては，交通需要に対してその道路に必要な機能とサービス水準（移動時間）を決定し，道路の規格を算定する。道路の規格はその道路条件に応じた通行可能な交通量によって決まるが，この通行可能な交通量を**交通容量**（capacity）という。交通容量とは，与えられた道路条件，交通条件のもとで，ある一定時間内に車線または車道のある断面もしくは一様な区間を通過することが期待できる車両または歩行者の最大数と定義される。通常は1時間当りで表す。

4.3.1 項でも述べたように，ある道路を走行する交通量が増加すれば，交通密度の増加に伴い，走行速度は減少する。交通容量とは道路条件を表す指標であり，交通容量が大きいほど交通条件はよくなり，サービス水準は上昇する。大きな交通量が通過しても一定の走行速度が確保される（**図** ***4.14*** 参照）。交通計画においては，交通需要が推計されると，その需要に一定のサービス水準を提供できる交通容量を算定し，道路の構造を決定する。

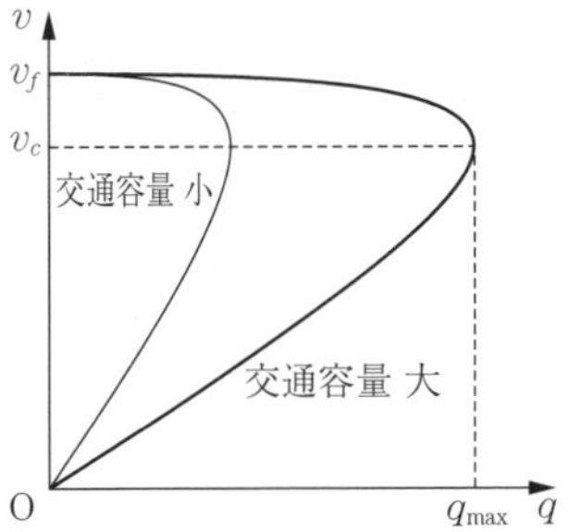

図 ***4.14***　交通容量と q-v 関係

4.4.2 設計交通容量

わが国では，道路および交通条件や，交通容量の使われ方により，基本交通容量，可能交通容量，設計交通容量の三つに分けて用いられている。

〔***1***〕 **基本交通容量**　**基本交通容量**（basic capacity）は，理想的な道路条件，交通条件のもとで，1時間に車線または車道（2方向2車線道路では両方向）の1断面を通過し得る乗用車の最大数として定義される。理想的な道路および交通条件とは

理想的な道路

① 車線の幅員が交通容量に影響を与えない（3.5 m 以上あること）。

② 路側にある障害物までの距離が，車両の速度に影響を与えない（側方余裕が 1.75 m 以上あること）。

③ 道路線形（縦断勾配，横断勾配，視距など）が速度に影響を与えない。

理想的な交通条件

① 交通流は乗用車のみから成る（大型車，原動機付き二輪車，自転車，歩行者などは含まない）。

② 速度制限がない。

という状態である。

このように，基本交通容量は，必ずしも現実の状況下における交通量ではない。このような状況の交通状態の交通流の観測は困難であるが，近似的な条件を持つ既存道路での観測結果から，以下のような基本交通容量が与えられている。

多車線	2 200×車線数（pcu/h）
2 方向 2 車線（往復合計）	2 500（pcu/h）

〔**2**〕 **可能交通容量**　　**可能交通容量**（possible capacity）は，実際の道路および交通条件のもとで，1 時間に車線または車道の 1 断面を通過し得る車両の最大数を指す。これは，実際の道路交通において交通容量低下をもたらす幅員や側方余裕，沿道状況，勾配などの種々の要因を考慮した補正係数を，基本交通容量に乗じることにより算出される。なお，道路の構造と各部の名称を**図 4.15** に示す。

可能交通容量 C_p の算定式は，式（4.9）のようになる。

$$C_p = C_b \times \gamma_l \times \gamma_c \times \gamma_t \times \gamma_i \tag{4.9}$$

ここに，C_p：可能交通容量，C_b：基本交通容量，γ_l：車道幅員による補正，γ_c：側方余裕による補正，γ_t：大型車による補正，γ_i：沿道条件による補正である。

以下に各要因について説明し，補正値を示す。

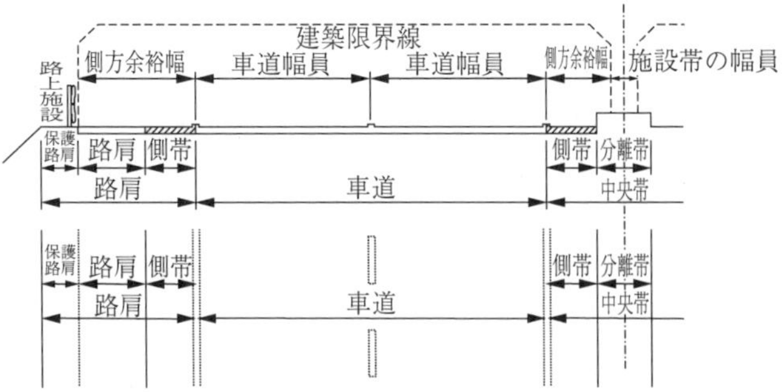

図 *4.15* 道路の構造と各部の名称[2)]

1*）　車道幅員による補正**　車道幅員は交通容量に与える影響は大きく，安全かつ快適なサービスの提供にも不可欠な要因である。一般に車道幅員は3.25 m あれば十分であるといわれているが，それ以下になると交通容量の低下となる。**表 *4.2 はその補正率であり，車道幅員が減少するに従い補正率も小さくなる。

表 *4.2* 車線幅員による補正率 γ_L[3)]

車線幅員	補正率
3.25 以上	1.00
3.00	0.94
2.75	0.88
2.50	0.82

道路はその種別（高規格道路，一般国道），特性（地方部，都市部），計画交通量により区分され，道路が区分されるとその道路の標準的な幅員が決まる（**表 *7.2*** 参照）。

***2*）　側方余裕による補正**　車道端から路側，あるいは中央線側にある構造物（路上施設；ガードレール，道路標識，樹木など）や障害物までの空間を**側方余裕**という。また，駐車車両も側方余裕にかかわる要因の一つと考えられている。この側方余裕が確保されていない場合，運転者は走行に対して圧迫感を感じ，また見通しが悪いことによる不安感から速度が低下する。

交通容量の面から，側方余裕は片側0.75 m あれば十分であるといわれている。側方余裕幅の不足による交通容量の補正率は**表 *4.3*** のようになる。

***3*）　大型車による補正**　この補正は大型車が交通流に混入したときの走行速度の低下と容量の低下によるものである。大型車の混入により交通容量が低下する原因としては，その車長と走行性能による。前者は乗用車よりも車長

表 4.3　側方余裕幅による補正率 γ_c[3)]

側方余裕幅 W_c〔m〕	補正率	
	片側だけ不足	両側不足
0.75 以上	1.00	1.00
0.50	0.98	0.95
0.25	0.95	0.91
0.00	0.93	0.86

が長いため占有率を増加させ，また後者は登坂区間になると走行速度が低下することによる。この影響の度合いは，大型車1台が何台の乗用車に相当するかという乗用車換算係数により示される。つまり，ある路線の交通量に対して大型車の影響を考えると，乗用車のみから成る交通より多くの交通量が通過していることになる。この乗用車換算係数は大型車の混入率，車線数，勾配の程度と勾配区間の長さによって変化する。大型車の乗用車換算係数は以下の**表 4.4**のようになる。

大型車の混入によって通過可能な自動車の実台数は減少する。交通容量に大

表 4.4　大型車の乗用車換算係数[3)]

勾配	勾配長〔km〕	2車線道路（大型車混入率%）					多車線道路（大型車混入率%）				
		10	20	50	70	90	10	20	50	70	90
3%以下	—	2.1	2.0	1.9	1.8	1.7	1.8	1.7	1.7	1.7	1.7
4%	0.2	2.8	2.6	2.5	2.3	2.2	2.4	2.3	2.2	2.2	2.2
	0.6	2.9	2.7	2.6	2.4	2.3	2.5	2.4	2.3	2.3	2.3
	1.2	3.0	2.8	2.7	2.5	2.4	2.6	2.5	2.4	2.4	2.4
	1.6	3.0	2.9	2.8	2.6	2.5	2.6	2.5	2.5	2.4	2.4
5%	0.2	3.2	3.0	2.8	2.7	2.6	2.7	2.6	2.6	2.6	2.5
	0.6	3.4	3.2	3.0	2.8	2.7	2.9	2.8	2.7	2.7	2.7
	1.2	3.6	3.4	3.1	3.0	2.9	3.1	3.0	2.9	2.9	2.8
	1.6	3.7	3.4	3.2	3.1	2.9	3.2	3.0	3.0	2.9	2.9
6%	0.2	3.4	3.2	3.0	2.8	2.7	2.9	2.8	2.7	2.7	2.7
	0.6	3.7	3.5	3.3	3.1	3.0	3.2	3.1	3.0	3.0	2.9
	1.2	4.0	3.7	3.5	3.3	3.2	3.4	3.3	3.2	3.2	3.1
	1.6	4.1	3.9	3.7	3.5	3.3	3.6	3.4	3.3	3.3	3.3
7%	0.2	3.5	3.3	3.1	2.9	2.8	3.0	2.9	2.8	2.8	2.8
	0.6	3.9	3.6	3.4	3.3	3.1	3.4	3.2	3.1	3.1	3.1
	1.2	4.3	4.0	3.8	3.6	3.5	3.7	3.5	3.5	3.4	3.4
	1.6	4.6	4.3	4.0	3.8	3.7	3.9	3.8	3.7	3.7	3.6

型車の影響を考えた場合の補正率は

$$\gamma_t = \frac{100}{(100-T)+E_T\cdot T} \tag{4.10}$$

ここに，γ_t：大型車による補正率，E_T：乗用車換算係数（**表 4.4** 参照），T：大型車の混入率〔%〕である。

式（4.10）において，交通容量が 100 台の道路があるとする。このとき，T 台の大型車が混入していると（$100-T$）台の乗用車と（$E_T\cdot T$）台の大型車から換算された乗用車が走行していることになる。つまり，実際の容量としては $100/\{(100-T)+E_T\cdot T\}$〔%〕しか機能していないことになる。このようにして大型車の混入は容量を低下させる要因として考慮する。

4）**沿道条件による補正**　この補正は，沿道の利用状況によって走行速度の低下と容量の低下に対するものである。道路への出入りがない場合には，この補正の必要はないが，路地からの車両の出入りや歩行者・自転車などの飛び出しなどにより走行速度が低下する場合がある。これらの要因は，沿道の市街化の程度によって決まるが，その明確な区分はされていない。**表 4.5** のように，市街化の程度を 3 段階に分類して補正率を定めている。

表 4.5 沿道状況による補正率 γ_i[3)]

市街化の程度	駐停車の影響を考慮する必要がない場合の補正率	駐停車の影響が考えられる場合の補正率
市街化していない地域	0.95〜1.00	0.90〜1.00
いくぶん市街化している地域	0.90〜0.95	0.80〜0.90
市街化している地域	0.85〜0.90	0.70〜0.80

5）**その他**　その他として，以下のような要因を適宜考慮して補正する。

① 勾配

② 原動機付き二輪車と自転車の混入

③ 道路線形

④ 走行の中断

⑤ 運転者の個人特性

⑥ トンネルの有無

以上のように，可能交通容量は，基本交通量が前提としている理想的な道路条件，交通条件が種々の要因により阻害された場合の交通容量と考えることができる。

〔*3*〕 **設計交通容量**　　**設計交通容量**（design capacity）は，道路の設計に用いる交通容量であり，その道路に要求されるサービスの程度（計画水準）に応じた低減率を可能交通容量に乗じることにより求められる。**計画水準**（level of service）とは，計画・設計された施設などが目標年次に提供すべきサービスの程度を示す指標である。道路計画の場合，わが国では当該道路の性格・重要度などに応じて，混雑度の相違により三つのランクが設定されている。

計画水準 1　　計画目標年次で年間最大ピーク時間交通量（1 番目交通量）が可能交通容量を超えない。

計画水準 2　　計画目標年次で年間 10 時間程度，ピーク時間交通量が可能交通容量を超える。

計画水準 3　　計画目標年次で年間 30 時間程度，ピーク時間交通量が可能交通容量を超える。

単路部における低減率には，交通量-交通容量比 γ_p（$=V/C$）が用いられ，**表 *4.6*** に示す。計画水準 1 の値は年間の時間交通量の変動特性から，（30 番目時間交通量）/（1 番目時間交通量）の全国的な平均値である地方部道路＝0.75，都市部道路＝0.80 に由来している。つまり，30 番目時間交通量をどの水準で通過させるかによって目標を達成させる。

表 *4.6*　道路の計画水準[3)]

計画水準	低　減　率	
	地方部	都市部
1	0.75	0.80
2	0.85	0.90
3	1.00	1.00

この γ_p の値を用いて，設計交通容量は式（*4.11*）より算定する。

$$C_d = C_p \times \gamma_p \qquad (4.11)$$

ここに，C_d：設計交通容量，C_p：可能交通容量，γ_p：交通量-交通容量比である。

このように設計交通容量の算出は，計画水準ごとに設定された混雑度の最大値を可能交通容量に乗じて求める。では，求められた設計交通容量はどのような交通状況にあるかを説明する。**図 4.16** は横軸に交通量-交通容量比 V/C，縦軸に速度 v をおいたものである。横軸は交通量を交通容量という定数で除したものであるため，図は q-v 関係と同様なものとなる。このとき，$\gamma_p=1.0$ は最大交通量が流れている状態であるため，実線部は自由流域，点線部が渋滞流域である。

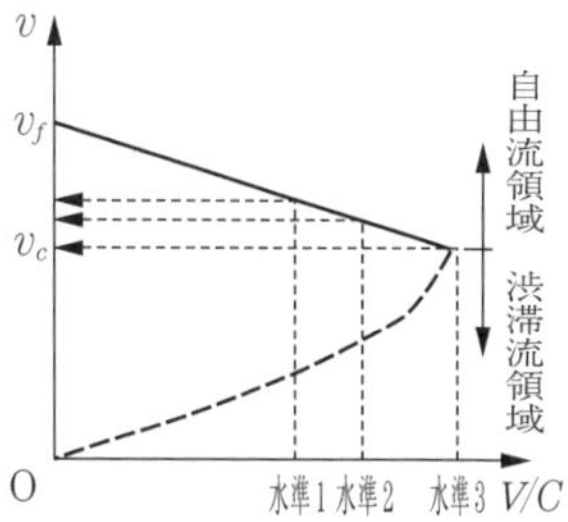

図 4.16　計画水準

いま，計画水準 1 で設計交通容量を設定する。すると

$$C_d = C_p \times \gamma_p^{Level1} = (30\text{ 番目時間交通量}) \tag{4.12}$$

となる。このとき，30 番目時間交通量は図中の計画水準 1 で走行が可能となる。一方，γ_p^{Level1}＝(30 番目時間交通量)/(1 番目時間交通量）であるから，C＝(1 番目時間交通量）となる。すなわち，可能交通量で 1 番目時間交通量を通過させることができることから，計画水準 1 が達成できる。また，設計水準 3 を考える。この場合

$$C_d = C_p \times \gamma_p^{Level3} = C_p = (30\text{ 番目時間交通量}) \tag{4.13}$$

となる。つまり，30 番目時間交通量が可能交通量であり，年間 30 時間程度，ピーク時間交通量が可能交通容量を超える（計画水準 3)。なお，計画水準 3 は原則として使用しない。

以上のように，30 番目交通量を可能交通容量のどの水準で通過させるかによって計画水準の達成を考えている。水準 1 では可能交通容量が 1 番目時間交通量となるため，1 年間における最大交通量（年間最大時間交通量）を臨界速度で走行させることができる。また，水準 3 では可能交通容量が 30 番目時間交通量となるため，それよりも大きな交通需要（1～29 番目時間交通量）が発生したとき，渋滞することになる。

演　習　問　題

【1】 以下の交通流の状態を示す指標を説明せよ。

（1） 時間平均速度，空間平均速度

（2） 平均日交通量，年平均日交通量，昼間 12 時間交通量，年間最大時間交通量，30 番目時間交通量，ピーク時間交通量

（3） 交通流率

（4） 時間オキュパンシー，空間オキュパンシー

【2】 交通量 q，空間平均速度 v_s，交通密度 k の関係を説明せよ。

【3】 図 **4.10** を参照し，以下に挙げる交通流の特性値を説明せよ。
最大交通量，臨界速度，自由速度，臨界密度，飽和密度，自由流領域と渋滞流領域

【4】 基本交通容量，可能交通容量，設計交通容量を説明せよ。

5

交通運用と交通管理

道路交通において，円滑かつ安全な交通を確保するために重要となるものが交通運用・交通管理である。道路交通は交通渋滞や交通事故などの問題を抱えており，社会・経済活動に大きな損失を与えている。そのため，適切な道路交通の運用と管理を行うことで，これらの問題を解決することが求められている。近年では，**TDM** や **ITS** など，新たな手法や技術が導入されている分野でもあり，円滑かつ安全な交通を確保することは道路交通における重要な命題といえる。

交通渋滞による損失は移動時間の増大という形で最も顕著に表れる。移動時間の増大は市民生活や経済活動の阻害につながる。間接的な影響として，交通渋滞による旅行速度の低下は CO_2 や窒素酸化物（NO_x）などの大気汚染物質の排出量を増加させることにつながる。また，幹線道路が渋滞している場合，通過交通が生活道路に流入することがある。このような抜け道となっている生活道路では交通事故が多く発生するなど，生活空間の安全や生活環境を悪化させていることも渋滞の影響として挙げられている。

5.1 交　通　渋　滞

5.1.1 交通渋滞の発生原因

交通渋滞とは「交通需要が交通容量を上回ったとき，その上流に生じる高密度で低速度の交通状態」を指す。渋滞は速度や車列長，継続時間などを基準として定義される。一般的に，速度を基準とし，都市間高速道路では 40 km/h 以下，都市高速道路では 25～30 km/h 以下を渋滞としている。ある道路区間のうち，相対的な交通容量が最小となっている地点が**隘路**（あい）（**ボトルネック**）である。道路を設計する上では交通流が円滑なものとなるような配慮がなされているが，下記に挙げるような道路構造がボトルネックとなることが多い。

1）**交差点**　交差点は交通容量が相対的に小さく，渋滞が発生しやすくなる。特に，幹線道路同士の交差点や交通需要の大きい多枝交差点では渋滞が発生しやすい。

2）**合流部**　合流点の前後における車線数差が大きいほど，渋滞が発生しやすくなる。

3）**織込み区間**　織込み区間長が短すぎる場合，交通容量が低下する要因となる。

4）**トンネル部**　トンネルは入り口等において運転者に心理的な圧迫感を与えるために走行速度が低下し，渋滞が発生しやすくなる。

5）**カーブ区間**　カーブの曲線半径が小さい場合は走行速度が低下し，渋滞が発生しやすくなる。

6）**サグ区間**　縦断線形が下りから上りに変化する箇所が**サグ**（sag）である（図 ***5.1*** 参照）。この場合，運転者が上りへの変化に気づくことが遅れるために走行速度が低下し，渋滞が発生しやすくなる。また，下り勾配での追突事故が多発する地点でもある。

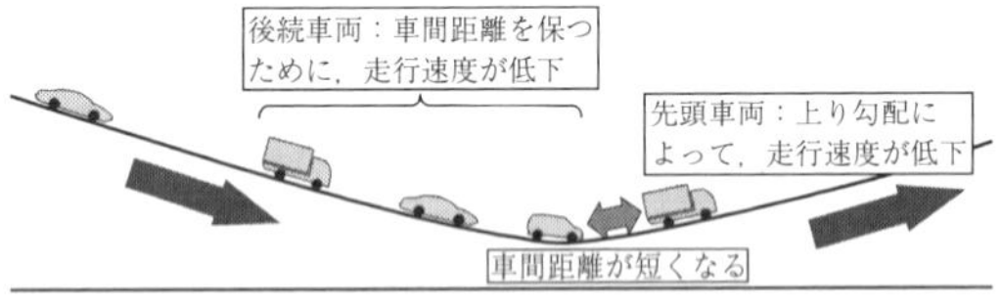

図 ***5.1***　サグ区間

以上のように，道路幅員や車線数など以外にも運転者が速度を低下させるような地点はボトルネックとなりやすい。走行速度の低下が後方の車両に伝搬し，交通渋滞を発生させることとなる。

5.1.2　交通渋滞の分類

交通渋滞は**自然渋滞**と**突発渋滞**に分けられる。自然渋滞は道路交通容量が相対的に小さくなっている地点を先頭として形成されるものである。そのため，朝晩の通勤交通による交通量の増加など，交通容量を超える交通量が生じるたびに繰り返して発生する。自然渋滞は同じ地点で繰り返して発生することが多く，ある程度，発生地点や発生時刻を予測することは可能である。

一方，交通事故・車両故障等の突発事象（**インシデント**）によって，一時的に交通容量が低下するために起きる渋滞が突発渋滞である。突発渋滞は発生地点や時刻を予測することが非常に困難である。

5.1.3 交通渋滞対策

交通渋滞への対策はさまざまな手法が考えられるが，一般に交通施設を整備・改良することによって行われてきた。交通渋滞を解消するためには，その地域の道路ネットワーク自体を整備・改良することが望ましく，最も効果的と考えられる。例えば，バイパスや環状道路の整備により，都心部への交通の集中を適切に分散するとともに，通過交通を排除することなどが挙げられる。

しかし，道路ネットワーク整備が完了するまでには非常に長い時間を必要とするため，下記に挙げるような比較的に簡易で，短期間で実現可能な対策を講じることが多い。一般に，交差点部が交通容量上のボトルネックとなっていることが多く，交差点部の構造を改善することが大きな効果を上げると考えられる。

〔*1*〕 交差点部の改良

1） **右・左折レーンの設置**　　渋滞の原因（ボトルネック）になっていると考えられる交差点において，右折・左折車両が多い場合には右・左折レーンを設置する。特に，右折レーンの設置は大きな効果が期待される。

2） **チャネリゼーション**　　区画線や導流島を設置することにより，車両の通行路を明確とする。そのことにより，交通流の整流化・円滑化の効果がもたらされる。

3） **多枝交差点の解消**　　5枝以上の多枝交差点では信号現示が複雑となるため，交通容量が低下する。このため，交差点の構造改良や，ある流入路か

らの交差点内への流入を禁止して一方通行化することで，交通容量の向上が期待される。

4）**交差角度の改良**　道路が斜めに交差している交差点ではその面積が広がる。そのため，車両の通過時間が長くかかり，長い信号のクリアランス時間が必要となる。その結果，交通容量が低下する。そのため，交差角を直角に近い角度に改良することが望ましい。

5）**立体交差化**　交差点構造や信号制御における問題点から，平面交差では交通需要を処理できない場合には立体交差化を行う。しかし，既成市街地では用地取得が困難であることが多く，わが国では用地面積の少ないダイヤモンド型やその変形が多く用いられている。

道路間の交差と同時に，鉄道との交差箇所も交通容量を低下させる原因となる。特に，鉄道の運行本数が多い都市圏では「開かずの踏切」と呼ばれる遮断時間の長い踏切が問題となる。このような踏切は渋滞の原因になると同時に，安全上の問題も抱えている。踏切の立体化については，道路を立体化する場合と鉄道の連続立体化を図る場合とがある。

〔*2*〕**単路部の改良**　単路部における改良としては，登坂車線の設置や合流部における車線の増設，合流延長の延伸などが挙げられる。また，線形や視距の改良も考えられる。高速道路などでは，運転者にも認識できないような緩やかな上り勾配が渋滞をもたらすことがある。そのため，標識によって速度の低下に対する注意を運転者に促すことが多い。

〔*3*〕**交通運用による改良**

1）**リバーシブルレーン**　ある特定の時間帯に交通需要がある方向に著しく集中する場合，交通容量上は大きな損失となる。そのような道路区間では，中央線を変移することで交通需要の多い方向により多くの車線を配分することが合理的である。このような目的のため，時間帯によって交通の方向を変えて運用される車線が**リバーシブルレーン**（**可逆車線**）である（図 *5.2* 参照）。

2）**一方通行化**　一定方向だけに車両の通行を許す**一方通行**によって，交通容量の増加が期待される。新たな整備の必要性が少なく，最も手近な交通

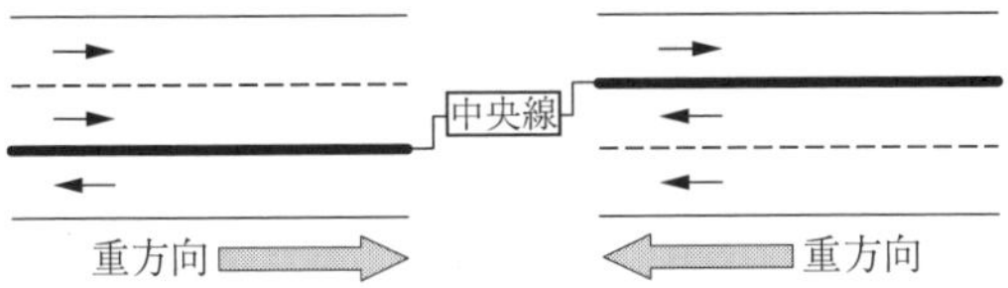

図 5.2 リバーシブルレーンの概念

容量増加方策の一つといえる。しかし，道路利用者にとっては進行方向が制約されること，沿道の商業活動等にも影響がもたらされることなど，導入には十分な検討が必要となる。

3） **駐車規制**　路側における駐車車両は車道の有効幅員を減少させるため，道路の交通容量が低下する。そのため，路上駐車が多い道路では，駐車車両の排除が交通の円滑化につながるものと期待される。

4） **交通管制システムの高度化**　既存道路を有効に活用するため，信号制御の高度化や交通管制センターの改良・高度化・エリア拡大等を図る。そのことにより，交通流の変動に対応した最適な交通管理の実現が期待される。

5.2 交通需要マネジメント

5.2.1 交通需要マネジメントのねらい

交通需要マネジメント（transportation demand management，略して**TDM**）とは，道路利用者の交通行動の変化を促すことで交通需要を調整し，道路交通混雑を緩和する手法の体系である。すなわち，道路利用の仕方を工夫したり，適切な道路利用へと誘導したりすることで円滑な交通流を実現することがその目的である。***5.1.3*** 項で述べたように，これまでは交通施設を整備することで交通容量を拡大させる方法が主流であった。

しかし，新たな道路建設には多額の費用や長い時間が必要であるため，超過した交通需要を調整する方法が検討されている。すなわち，交通行動を効率化するため，道路利用者の時間変更・経路変更・利用手段の変更・自動車の効率的な利用等の方法を用いるものが交通需要マネジメントである（**図 *5.3*** 参照）。

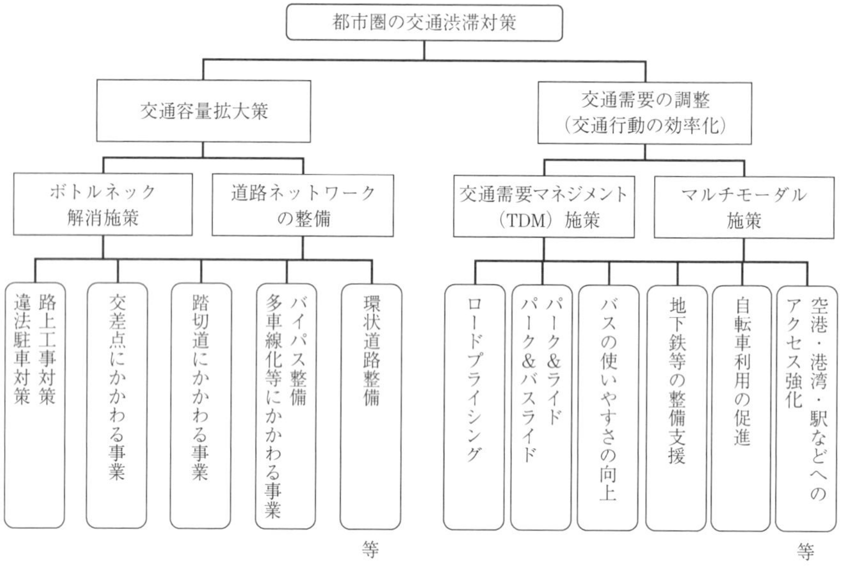

図 *5.3* 渋滞対策にかかわる主要施策の体系[4)]

複数の交通機関を連携させることで良好な交通環境を生み出し，自動車の集中を緩和する**マルチモーダル施策**を交通需要の調整と並行することでより効果的な TDM 施策の運用が検討されている。TDM の実施には道路・交通管理者と同時に交通事業者，企業，市民等の多様な主体の協力が必要であり，わが国においてもさまざまな取組みがなされている。

TDM が目的とする交通需要の調整方法として，以下のようなものが挙げられる（図 ***5.4*** 参照）。具体的な施策については，***5.2.2*** 項において詳述する。

1）　**経路の変更による方法**　　道路交通情報の提供などにより，道路が混雑している地域の交通量を分散させ，交通需要の空間的平滑化を目的とした方法である。

2）　**手段の変更による方法**　　公共交通機関の利便性を高めることなどにより，自動車から公共交通機関への利用移転を促進し，自動車交通の減少を目的とした方法である。

3）　**自動車の効率的利用による方法**　　自動車1台当りの乗車人員や貨物

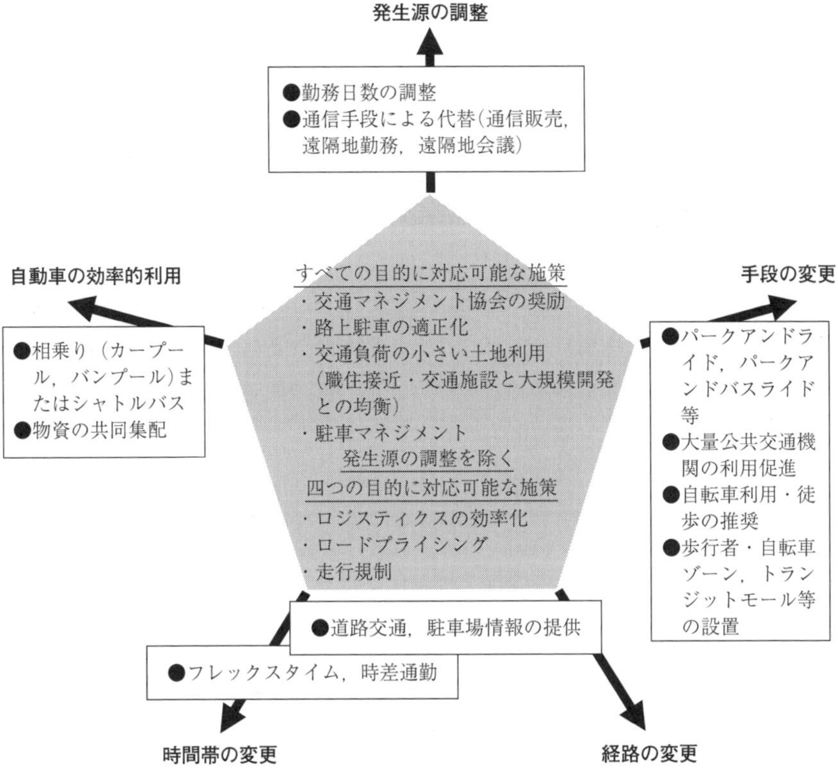

図 5.4　TDM のねらいとおもな手法[5)]

車の積載率を高めることにより，全体の自動車台数を減少させることを目的とした方法である。

4）　**時間帯の変更による方法**　朝夕の通勤・通学時など，ピーク時間帯の交通をフレックスタイムや時差通勤などにより，他の時間帯に移動させることにより，交通需要の時間的平滑化を目的とした方法である。

5）　**発生源の調整による方法**　交通負荷の少ない土地利用や勤務形態などにより，交通発生量全体を抑制することを目的とした方法である。具体的には，住宅地と職場を近接して建設することやインターネット等の通信手段を活用した在宅勤務の実施などが考えられる。

5.2.2　交通需要マネジメントの種類

〔1〕**時差通勤**　企業などの一部または全体の勤務時間を変更することで，通勤交通のピーク時間帯への集中を緩和する手法である。わが国では広島市などで実施された事例がある。

〔2〕**ロードプライシング**　混雑区間や時間帯へと流入する車両に課金することにより，流入交通量を抑制しようとする手法である。1975年にシンガポール，2003年にロンドンで導入されている。わが国では住宅地などの沿道環境改善を目指した環境ロードプライシングが試行されている。これは，並行する有料道路の路線間に料金格差を設け，都心部の住宅地等を通過する交通を郊外部に転換させることを目的としたものである。

〔3〕**共同集配**　共同集配センターや共同集配用トラックを利用することで，事業者個別に行われている集配を取りまとめ，貨物車の積載率を向上させる手法である。物流拠点の整備や専用荷さばきスペースの整備を合わせて行うことにより，トラック台数や地域内でのトラック走行距離，駐車時間などを大きく減少させることが期待される。わが国では福岡市天神地区などで実施されている。

〔4〕**交通情報の提供**　運転者に渋滞などの道路交通情報や駐車場に関する情報を提供することにより，適切な経路選択や無駄な走行を抑制しようとする手法である。また，公共交通の運行状況に関する情報を提供することで，公共交通の利用促進を図ることも考えられる。

〔5〕**パークアンドライド，パークアンドバスライド**　自宅から駐車場の整備された最寄りの鉄道駅などへ自動車で行き，鉄道やバスなどの公共交通機関に乗り換えて都心部の目的地へと向かう手法である。鉄道へと乗り換える場合を**パークアンドライド**，バスへと乗り換える場合を**パークアンドバスライド**と呼ぶ。わが国では，郊外部の商業施設等の駐車場でマイカーからバスに乗り換えて都心に通勤するK. Parkと呼ばれるシステムが金沢市で実施されている。

〔6〕**公共交通機関の利用促進**　鉄道やバスなどの公共交通機関のサービスレベルを向上させ，自動車からの利用転換を促進させる手法である。例え

表 5.1 札幌市におけるバスレーン優先制御システム[6)]

バス優先系統感応信号制御	バス路線沿いの路側に配置した光ビーコンとバスに搭載した車載装置との間で双方向の情報通信を行う。事前にバスの交差点への進入を感知し，バスが連続的に交差点を通過できるように青延長と赤短縮による信号制御を行う。
推奨速度表示器	つぎのバス停までの無停止走行を可能とするための推奨速度を運転席横の車載器ディスプレイへと表示する。
乗客向け車内表示器	札幌都心部までの所要時間や事業者のモニター装置から入力したメッセージ情報をバスへと伝送し，乗客への情報提供サービスとして車内に表示する。
バスレーン違法走行車両警告表示	バス専用レーンを走行する一般車両を車種判別感知器によって検出し，情報板にバス専用レーンからの車線変更を促す警告を表示する。
右折バス専用信号制御	バス専用レーンからの安全な右折を確保するため，該当する信号を制御する。
車両運行管理システム（MOCS）	バスの運行管理を行うため，事業者に対してバスの走行位置や所要時間に関する情報を提供し，事業者のモニター装置に表示する。

ば，札幌市では一般車の混入を削減するため，一部のバスレーンをカラー舗装化している（**表 5.1** 参照）。また，**公共車両優先システム**（**PTPS**）を導入し，所要時間の短縮を図っている。ほかにも，名古屋市におけるガイドウェイバスや基幹バスレーンなども例として挙げられる。また，駅前広場などの整備によって公共交通機関相互の連結を強化し，利用者の利便性を高める施策も考えられる。

〔*7*〕 **自転車利用の促進**　　**自転車道**，自転車歩行者道などの自転車走行空間を整備し，自転車利用の促進を図る手法である（**図 5.5** 参照）。また，駐輪場などの整備により，公共交通機関との連携を図る施策も考えられる。

〔*8*〕 **カープール，シャトルバス**　　自家用車に複数の人が乗車（相乗り）することで，道路の利用効率を向上させる手法が**カープール**である。シャトルバスは企業等が運行するバスによる相乗りである。相乗りの適用には，**多数乗車車両**（high occupancy vehicle，略して HOV）レーンや優先的駐車場の整備が重要となる。金沢市において，観光客が集中するゴールデンウィークに高速道路インターチェンジ周辺に臨時駐車場を設け，市内へと向かうシャトルバ

（a）

（b）

図 5.5　都市内における自転車道の整備（ヘルシンキ）

スを運行している。

〔9〕 **モビリティーマネジメント**　　**モビリティーマネジメント**は，一人一人のモビリティー（移動）が社会にも個人にも望ましい方向に自発的に変化することを促す，コミュニケーションを中心とした交通政策と定義される手法である。すなわち，規制などの施策によるのではなく，コミュニケーションを中心とした施策によって，人々の自発的な交通行動の変容を期待するものといえる。代表的な施策として，**トラベルフィードバックプログラム**（travel feedback program，略して TFP）がある。これは複数回の個別的なやりとりを通じて，対象者の交通行動の変容を期待するものである。モビリティーマネジメントは比較的に新しい手法であり，今後の発展が期待される。

5.3　交　通　規　制

5.3.1　交通規制と交通運用方策

交通事故の防止や交通の円滑化を目的とした道路交通の方法に与える制約が交通規制である。わが国では法律や各都道府県の公安委員会が行っている。法定の交通規制は標識や標示によって指示されないが，公安委員会による規制は規制標識や規制標示によって規制内容が指定される。交通規制は法律的には禁止行為であり，これに違反することに対しては罰則が定められている。

交通規制は渋滞や交通事故などの自動車交通にかかわる諸問題を解消・軽減するためのソフトウェア対策の一つであり，その中でも比較的に簡便で安価な方法といえる。わが国では自動車交通の流れを管理するために，個々の規制を体系的に組み合わせる面的な規制の考え方が導入され，実施されている。

5.3.2 交通規制の種類

〔*1*〕 **一 方 通 行**　道路上の車両を相互に通行させず，一定の方向だけに通行を許す交通規制が**一方通行**である。つねに一定方向に交通を規制する方法と，一時的に一方通行にする方法とがある。一方通行化は交通容量を増加し，交通混雑を減少させる手段として有効である。また，交通流が単純化され，運転者の注意力が分散しないこと，交差点における交通流の衝突点の数が減少することなどから安全性の向上にもつながると考えられる。反面，一方通行は進行方向が制約されるため，トリップ長が長くなることや交通量が増える区間も生じることもある。また，沿道の商業施設の活動に影響を及ぼすことも考えられる。

〔*2*〕 **右（左）折禁止**　右折レーンがない交差点では右折車が後続の直進車の進路を遮ることがある。また，追突事故も発生しやすくなる。交通量が多く，右折車が交通を妨げると考えられる場合は**右折禁止**とすることがある。つねに右折を禁止する方法と，時間帯や車種を限定して右折を禁止する方法とがある。しかし，右折できない車が迂(う)回することで周辺の道路が混雑することもあり，可能な限り右折レーンを設けることが望ましい。

〔*3*〕 **駐停車禁止**　路側駐車は車道の有効幅員を減少させるため，交通容量を低下させる。また，見通しを阻害することによる駐車車両の陰からの飛び出し事故，歩行者・自転車の通行を妨害することによる車との接触の危険性が増すこと，発見遅れに伴う追突事故など，駐車車両の存在は交通安全上の問題ともなる。そのため，多くの幹線道路や交差点付近では**駐（停）車禁止**の規制がなされている。2006年には道路交通法が改正され，放置車両についての使用者責任の拡充と違法駐車取締関係事務の民間委託がなされることとなった。

このことによって駐車違反の取締りが強化され，規制の実効性が増すことが期待される。

〔4〕 **そ　の　他**　　その他の交通規制として，速度規制や追越禁止，一時停止などが挙げられる。

5.4 交　通　信　号

5.4.1 交通信号による交通流制御

交通信号機は「たがいに交錯する道路交通に対して，灯火により交互に通行権を割り振り，交通需要に応じた時間比率で秩序ある交通流が得られるように設置される信号表示施設」と定義される。すなわち，交通信号機を設置する目的は秩序ある交通流を得ることにあり，安全かつ円滑な道路交通を実現する上で欠かせない施設といえる。交差点における交通の制御方式としては，交通信号や一時停止などがある。交通量がさほど多くない場合，一時停止制御でも交通の処理は可能である。しかし，交通量が増加すると道路の横断や右折が困難となり，交通の処理は困難となる。また，交通動線の錯綜が頻発し，事故発生の原因ともなる。そのため，交通量や交通事故の多い交差点では交通信号が必要不可欠となる。

近年では歩行者の安全確保を目的とした**歩車分離式信号機**も設置されてきている。これは信号によって車両と歩行者の通行を時間的に分離するものであり，右左折する車両と横断歩行者との交錯を防ぐことで横断歩行者の安全性が高まる。また，右左折する車両が横断歩道手前で停止する必要がなくなるため，右左折がスムーズとなることも利点である。一方，自動車に割り当てられる青信号の時間が相対的に短くなるため，交通量が多い交差点では渋滞の発生を招くことも考えられる。そのため，交通状況や地域住民等の意見を考慮して設置することが望ましい。

歩車分離式信号の制御方式としては，全流入路の車両を停止させて歩行者専用の現示で歩行者を横断させる ① 歩行者専用現示方式，② スクランブル方式（歩行者に斜め方向の横断を認めるもの），③ 右左折車両分離方式（全流入路および一部流入路で矢印信号を用いて車両を各方向別に進行させることにより，右左折車両と歩行者を分離させるもの）などがある。

5.4.2 信号現示と制御パラメーター

交差点等で交通信号機による交通の整理を行う際，青・黄・赤の信号灯の点灯・滅灯を制御し，各交通流の通行権を順に指示することになる。これらによって示される通行権が**現示**（phase）であり，信号の表示において考慮すべき時間に関する項目を総称して**制御パラメーター**と呼ぶ。交通信号機の制御には現示方式を決定し，サイクル長などの制御パラメーターを設定する必要がある。最も基本となる制御パラメーターはサイクル長であり，サイクル長が決定されると，信号現示の順序が決められ，次いでスプリットが決定される。

〔*1*〕**現　　示**　交通信号機は流入部の組合せごとに通行権を一定の順序で循環的に与える。現示とは一つの信号交差点で同時に一群の交通流に与えられている通行権またはその通行権が割り当てられている一つの青表示をいう。例えば，一般的な四枝交差点では 2 現示制御となる（**図 *5.6*** 参照）。また，右折交通が多い場合には，その方向に右折現示を入れ，3 現示制御となる。

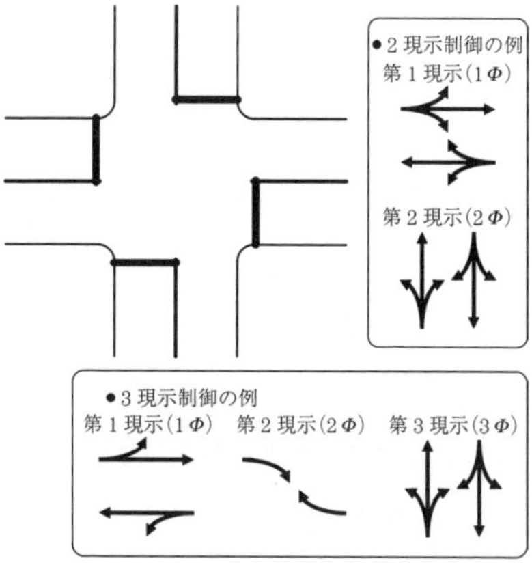

図 *5.6* 四枝交差点の信号現示例

〔*2*〕 **サイクル長**　　**サイクル長**（cycle length）とは信号表示が一巡する所要時間であり，周期長ともいう。通常は秒〔s〕で表現する。

〔*3*〕 **スプリット**　　**スプリット**（split）とは1サイクルを構成する各現示の表示時間またはサイクル長に占める時間比率である。秒〔s〕あるいはパーセンテージ〔%〕で表現される。安全性の観点から，スプリットを短くしすぎることには問題がある。そのため，自動車交通ではおもな交通に対する現示（主現示）は15秒以上，右折矢印などの現示（従現示）は5秒以上の最小青時間が必要とされる。また，横断歩道用信号では横断歩行速度を1m/sとして必要な最小青時間を求める。

〔*4*〕 **オフセット**　　**オフセット**（offset）は隣接する複数の信号機を制御する場合に適用されるパラメーターである。一般に，系統方向の現示青開始時間の基準時点からのずれ（絶対オフセット），隣接交差点間の表示タイミングのずれ（相対オフセット）を，時間〔秒〕やパーセンテージで表す。

〔*5*〕 **損失時間**　　信号現示が変化する際に生じる自動車の通行には使われない時間を**損失時間**という。損失時間は**発進損失**と**クリアランス損失**の二つに分類される。発進損失は，現示が青に変わってもすぐには一定の交通流率で流れないための損失時間である。また，クリアランス損失は，現示の変わり目において交差点内での交通の錯綜が生じないようにするため，当該方向の交通を一掃するための損失時間である。クリアランス損失は黄色信号や全方向の流入部を停止する全赤時間によって確保される。

損失時間は現示ごとに一定の長さで生じるため，現示数が多いほどサイクル長当りの損失時間は増加する。また，サイクル長が短くなるほど損失時間の割合が大きくなり，処理できる交通量は少なくなる。一方，サイクル長が長すぎると，通過する車両が存在しなくても青信号を表示し続ける損失時間が発生することがある。一般的に，交通量の多い交差点ではサイクル長を長く，交通量の少ない交差点ではサイクル長を短くとった方が交通容量の確保には有利である。

5.4.3 交通信号の種類

交通信号機は同一のサイクル長などのパラメーターで制御されているわけではなく，時刻や交通量などに応じてパラメーターが変更される。そのことによって，1日や曜日による交通量変動に応じた円滑な交通流の実現を図るものである。信号を制御する方式は制御対象の信号交差点の広がりと制御パラメーターの制御方式の二つの視点から分類される。

〔*1*〕 **地点制御**　他の交差点における信号制御とは独立し，当該信号機のパラメーターを設定する方式が**地点制御**である。地点制御は定時制御，感応制御などに分類される。

1） **定時制御**　最も単純な信号の制御方式は制御パラメーターを一定とする方法である。あらかじめ設定された制御パラメーターに従って信号を制御する方式が**定時制御**（**定周期制御**）である。また，サイクル長やスプリットなどの組合せを時間帯や曜日に応じて変化させることで運用されるものが**多段制御**である。1日の交通パターンが一定である場合には有効である。しかし，交通需要が一時的に変動した場合，それに対処することができない。

2） **感応制御**　車両感知器を用いることで交差点流入部の交通量を計測し，交通需要に応じたサイクル長やスプリットを設定するものが**感応制御**である。感応制御は従道路側のみを感応式とした**半感応制御**とすべての流入部に車両感知器を設ける**全感応制御**に分けられる。これらは交通量が少ないが，その変動が大きく，不定であるような交差点に適している。また，横断歩行者のために押ボタンを設けた押ボタン式信号も感応制御された信号の一種といえる。

〔*2*〕 **系統制御**　ある道路沿いに設置されている複数の信号機を一つの単位とし，たがいに時間的に関連づけて制御するものが**系統制御**である。**線制御**とも呼ばれる。関連する信号機のサイクル長を等しくし，オフセットとスプリットを交通流の管理目的に応じて設定する。交通流の管理目的として，車両が交差点ごとに停止する不便を避けること，逆に青信号が続いて速度が上がりすぎないようにすることが挙げられる。系統制御にも数種の制御パラメーターを時間帯や曜日に応じて変化させる多段系統制御やある地点に設けた車両感知器の情報に基づいて制御パラメーターを設定する自動感応系統制御がある。

系統制御ではオフセットの設定が必要となる。オフセットには以下のような方式がある。

1）**優先オフセット**　上下いずれかの交通流を優先する方式が**優先オフセット**である。通常は交通量の多い方向が優先される。

2）**平等オフセット**　上下両方向の交通流がともに円滑となるようにオフセットを設定するものが**平等オフセット**である。上下の交通量にそれほど差がない場合に用いられる。

3）**同時オフセット**　系統路線沿いの交差点が同時に青信号となるようにオフセットを設定したものが**同時オフセット**である。交差点の間隔が近い場合や系統方向の交差方向に卓越し，飽和状態に近い場合などに用いられる。

4）**交互オフセット**　系統方向の隣接交差点で一つおきに青が与えられる方式で，相互オフセットを 50 ％とするものが**交互オフセット**である。各交差点間距離がほぼ等しく，サイクル長が系統リンクの往復旅行時間に等しいときに有効である。

〔*3*〕**広域信号制御**　都市部では道路網が面的に広がっているため，ある交差点の交通状況が他の複数の交差点に影響を及ぼすことが多い。すなわち，一つの信号や一つの路線の信号を制御したとしても，都市全体では最適な制御とはならない。そのため，交通管制エリアを設定し，その中の多数の信号機を相互に関連づけることで一括して制御する**広域信号制御**が必要となる。広域信号制御では道路網全体の交通流を最適化することがその目的となる。また，広域信号制御には交通情報の収集と信号機の集中制御を行うための交通管制センターが必要となる。わが国では警察がその役割を担っている。広域信号制御はわが国では全国の中規模以上の都市（DID 人口 4 万人以上）の 90 ％に採用されている。

5.4.4 信号交差点の設計

信号現示方法を定め，各現示の表示時間を決定することを**信号表示企画**と呼ぶ。定時制御による信号機の信号表示時間の基本的な設計手順の例を**図 5.7** に示す。

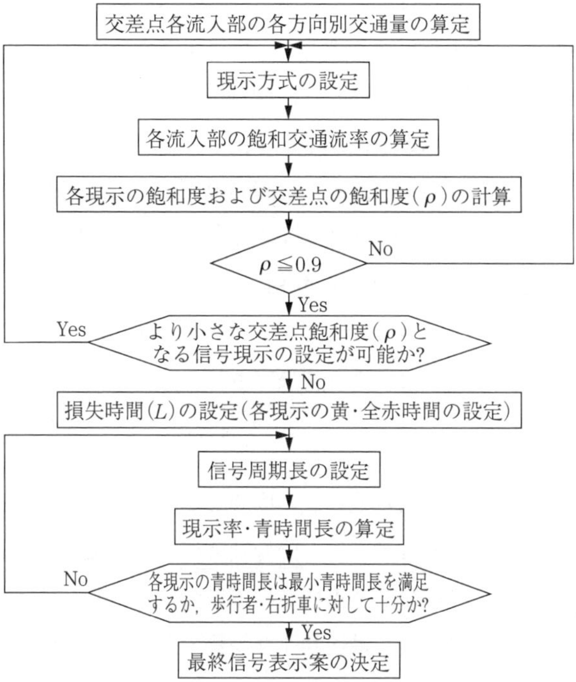

図 5.7 信号表示時間の設計手順の例[9)]

〔*1*〕 **正規化交通量と飽和度** 交通需要に対する信号制御の処理可能性は**設計交通量**と**飽和交通流率**との対比で検討される。飽和交通流率は青時間中に交差点流入部を通過することができる最大の交通流量である。この飽和交通流率と設計交通量の比を**正規化交通量**と呼び，その流入部で必要とされる青時間の比率を示している。同一の信号現示における正規化交通量の最大値が現示の**飽和度**であり，現示の飽和度を合計したものが交差点の飽和度となる。

交差点の飽和度は，その交差点の需要交通量または設計交通量を処理するために必要とされる合計の青時間の実時間に対する比率を表している。そのため，交差点の飽和度が1を超える場合には，信号制御によって需要交通量または設計交通量を処理することができない。しかし，信号制御には損失時間が存在している。実際には，信号制御によって交通を処理することができる飽和度の目安は 0.9 程度以下とされている。また，交通処理能力の上では，交差点の飽和度は小さい方が望ましい。そのため，より小さな飽和度となる信号現示の設定が可能ではないかを十分に検討し，信号現示方式を設定すべきである。

〔*2*〕 **信号交差点の遅れと最適サイクル長**　信号制御によって交通を処理する上で，損失時間が存在するために実時間のすべてを交通処理に用いることはできない。そのため，交通容量上の条件として，$(C-L)/C \geqq \rho$（C：サイクル長，L：損失時間，ρ：交差点の飽和度）が成立することが必要とされる。この式から式（*5.1*）が導かれる。式（*5.1*）の右辺は最小サイクル長を意味し，損失時間を設定することによって決定される。

$$C \geqq \frac{L}{1-\rho} = C_{\min} \tag{5.1}$$

ある道路区間において，信号機がない場合と信号機がある場合との旅行時間差が信号交差点における遅れである。信号制御状況を評価するための基本的な状態量となる。一般に，信号交差点における遅れはサイクル長と関係があり，遅れが最小となるサイクル長が**最適サイクル長**である。あるサイクルにおける通過台数当りの平均遅れはサイクル長の増加に伴って増加する。しかし，サイクル長が短すぎても単位時間当りの損失時間が増加することから遅れが増加する。そのため，遅れとサイクル長の関係は下に凸の曲線になるとされる。

交差点における自動車の到着パターンがランダムである場合（ポアソン到着），最適サイクル長は式（*5.2*）で求められるとされている。前述したように，サイクル長は長すぎても短すぎても問題となる。このため，40〜180 秒の間にサイクル長を設定することが多い。

$$C_{opt} = \frac{1.5L+5}{1-\rho} \tag{5.2}$$

〔*3*〕 **最適スプリット**　一般に，現示の飽和度に比例させて青時間長を割り付けることで遅れの最小化が図られるとされている。前述したように，安全性の観点からスプリットを短くしすぎることには問題がある。そのため，設定したスプリットに対して最小青時間長が確保されているかを確認し，最終的な信号表示企画が決定される。横断歩道用信号では横断距離を歩行速度 1 m/s で除することで必要な青時間長を算出する。しかし，横断歩行者が多い場合には，歩行者群が集団でさばける時間についても考慮する必要がある。

5.5 交通管理システム

5.5.1 道路の管理

〔*1*〕 **道路管理の概念** 道路の管理とは，一般交通の用に供する施設として道路本来の機能を発揮させるために行う行為である。道路管理の内容は道路本来の目的達成のために行う行為と道路の目的に達する障害の防止，除去，その他の規制等の行為に分けられるが，代表的なものは新設，改築，災害復旧，維持，修繕などである。ここで，改築とは道路を原状より改良するための工事のことで道路の効用，機能等の増大のための工事を指し，道路の横幅，バイパスの新築等が該当する。

道路管理は道路管理者が行うが，道路法の規定により道路種別ではつぎのように定められている。

①	高速自動車国道	国土交通大臣
②	一般国道（指定区間内）	国土交通大臣
③	一般国道（指定区間外）	都道府県
④	都道府県道	都道府県
⑤	市町村道	市町村

日本の道路ストックの大部分は戦後の 50 年間に本格的に整備されたことから車両の大型化や交通量の増大もあり，今後急速に老朽化が進展すると考えられる。国民の道路に対するニーズも多様化，高度化する中でいかに適正なサービス水準を確保し，効率的な維持管理を行うかが大きな課題となる。昨今では，歩道の除雪，街路樹などの植栽のメインテナンス，ゴミの除去などに住民

のボランティアが参加する例も見られ，道路の管理に官民の協力体制がとられるようになってきた。

〔2〕 道路の維持と修繕　道路管理者の重要な責務に道路の維持および修繕がある。道路の維持とは，反復して行われる道路の機能を保持するための行為であり，撒(さん)水，除草，除雪，コンクリート舗装の目地の手入れ，砂利の補充等をいう。一方，道路の修繕とは，道路を新設し，または改築してきたときの構造が損傷したとき，これを原状程度に復旧することであり，オーバーレイ，舗装の打換え等が含まれる。なお，道路の災害復旧は道路の修繕ではない。道路の状況は交通事故などの走行安全性，さらには円滑な交通流動確保などに直接連動するため，きわめて重要な作業となっている。

〔3〕 道路のパトロール　道路本来の機能を保持するためには日常から道路の状況を把握しておく必要がある。このため実施されているのが道路パトロールである。パトロールでは道路の異常状況を発見しだい応急措置を実施し，さらにはその後維持修繕計画に反映させるという重要なデータ収集などが役目となっている。パトロールの目的を整理すれば，つぎのとおりである。

① 道路の状況を把握し，道路の異常，破損などを早期に発見すること

② 交通の状況を把握し，交通の障害になる状況を発見すること

③ 道路の不法使用，不法占用などの状況を把握すること

④ ガス，水道などの道路占用工事などの実施状況を確認すること

⑤ 道路の沿道状況を把握し，道路への影響を調べること

⑥ 緊急に対応すべき異常を発見した場合は応急措置を施すこと

なお実施されるパトロールの種類には

① 平常時に行う通常巡回

② 夜間の照明の状況や標識の視認性の点検のための夜間巡回

③ 道路構造物の状況を細部に点検する定期巡回

などがある。

5.5.2 高度道路交通システム

都市部を中心に拡大する交通渋滞はその損失が12兆円にも達するとの試算もあり，その経済的損失は膨大である。一方，自動車の増加に伴う環境への影響も大きな社会問題となっている。とりわけ，渋滞時におけるエネルギーの無駄や排ガスによる大気汚染は顕著である。また，近年の高齢化の進展では高齢者が自ら自動車を運転する機会を増加させることが予想され，高齢者のモビリティー確保は重要な課題となっている。さらには多発する交通事故をいかに減少させるかなど慢性化した自動車社会の抜本的解決を図ることが社会の急務となっている。このような背景から開発が進められたのが**高度道路交通システム**（intelligent transport systems，略してITS）である。ITSは最先端の情報技術を活用して人，道路，車を情報ネットワークで一体化し，道路交通の安全性，輸送効率，快適性の向上，さらに交通渋滞の軽減などの円滑な交通網を実現し，環境保全に貢献することを目的としている。

〔*1*〕 **ITSの概要**　日本におけるITSは1973年**経路誘導システム**（comprehensive automobile control system，略してCACS）（通産省（当時））の開発が始まりである。CACSは経路誘導を中心に，車載装置への走行情報の提供，路上の可変情報板での情報提供，カーラジオがスイッチを切ってあっても電源を制御しての緊急情報の提供，公共車を優先する信号機の優先制御などのシステムから成っている。1980年代の半ばには，国土交通省（建設省（当時））によって進められた**路車間情報システム**（road/automobile communication system，略してRACS）が，また警察庁のAMTICS（advanced mobile traffic information and communication system）が登場した。前者は路上ビーコンと車の路車間通信で経路誘導を行おうとするものでカーナビゲーションの原型である。後者は車載のディスプレイに道路地図と現在地を表示し，交通管制センターからの情報をテレターミナルを使って流すシステムである。

このRACSとAMTICSの研究開発を結び付け，これに郵政省（当時）が加わって1990年VICS連絡協議会が立ち上がり，翌年民間企業を含めたVICS推進協議会が発足する。1988年には全国のデジタル道路地図のデータベースが完成し，翌年の1989年にはカーナビゲーションシステムが実現した。1996年には5省庁（警察庁，通産省，運輸省，郵政省，建設省（いずれも当時））により「高度道路交通システム（ITS）推進に関する全体構想」が策定されている。実施指針では開発分野を九つに分類し，全体構想ではITSの構築が体系的，効率的に推進されるように基本的な考え方などが長期のビジョンとして提示された。

ITSを国家プロジェクトとして最初に立ち上げたのはアメリカであった。1967年から公共道路局により開始された研究プログラム，**電子経路案内システム**（electronic route guidance system，略してERGS）がそれである。ヨーロッパではEUによる超国家的な取組みが，アメリカではITSアメリカを機軸に推進されるなど国家的プロジェクトとしてITSを推進する体制が日米欧で確立され，強力に研究開発，事業展開が進められている。

〔***2***〕 **交通管制センター**　交通管制センターは車両感知器，テレビカメラなどによる情報の収集，収集された交通情報の処理，そして道路状況や交通規制などの情報を文字や図柄でドライバーに知らせる交通情報板，日本道路交通情報センターの電話案内，ラジオ放送などによる情報伝達の機能から構成されている。これらの情報は交通事故の防止，交通渋滞の解消，走行経費の節減，交通公害の防止に役立っている。

〔***3***〕 **道路交通情報通信システム**　**道路交通情報通信システム**（vehicle information communication system，略してVICS）は道路上に設置したビーコンとFM多重放送によって渋滞情報，帰省情報，道路案内，駐車場情報などをリアルタイムに車のナビゲーションシステムに送るものである。1996年4月からサービスが開始され，幅広い分野のITSの中では早い部類のもので，運転中のドライバーが現在地の情報はもとより，広域にわたって道路情報を車内で得られる。

車内での表示方法には文字表示型，簡易図形表示型，地図表示型の3タイプがある。ドライバーの経路選択行動を支援することになるから交通流を分散し，交通を円滑化する効果があるとともに，ドライバーのイライラ解消に役立つので，心理的ゆとりによる安心感は安全運転につながり交通安全面での効果も期待できる。昨今のナビゲーションはますます機能が向上し，DVD ナビゲーション，音声によるボイスナビゲーションなども出現している。

〔*4*〕 **自動料金収受システム**　**自動料金収受システム**（electronic toll collection system，略して ETC）は料金の収受を電波通信の利用によってキャッシュレスで行うシステムである。このシステムは 1994 年研究がスタートし，1997 年小田原厚木道路の小田原料金所で試験運用がなされた。2001 年に千葉市内および沖縄県内において一般利用者にサービスが開始され，現在では全国 1 300 箇所の料金所すべてで ETC が利用できる。システムは IC カードを差し込んだ車載器を搭載した車が料金所にさしかかると料金所ゲートに設置したシステムが車両を検知し，車との通信によって料金を表示するようになっている。

旧日本道路公団によれば，高速道路における渋滞発生箇所は料金所，下りから上りに変化するサグ部，トンネルの入口などがあるが，料金所の渋滞が全体の 35 %強を占めていた。マンパワーによる料金収受は 1 時間当り 230 台（旧日本道路公団調べ）とされているが，ETC 導入により約 4 倍の処理が可能となる。ETC 導入により車は停止しないでノンストップで通行するため CO_2 の排出量が減少する。このため，ETC の効果は渋滞の緩和効果のみならず，環境への貢献も大きく，さらに車載器や IC カードの新たな需要も創出されるという経済的効果もある。（図 **5.8** 参照）

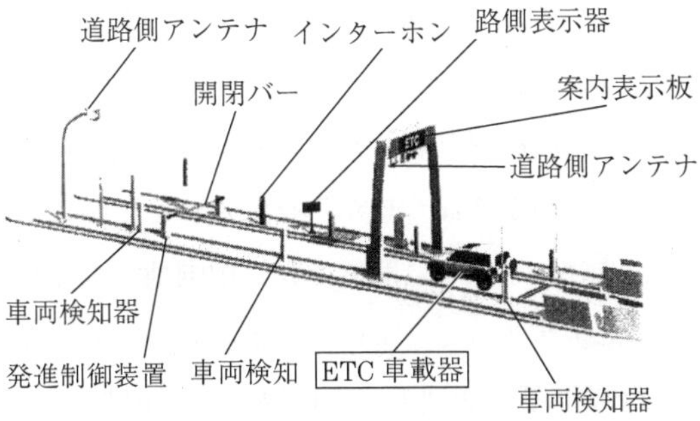

図 5.8　ETC の仕組み

〔**5**〕 **歩行者等支援情報通信システム**　　**歩行者等支援情報通信システム**（pedestrian information and communication systems，略して PICS）は高齢者や身障者などに適切な情報を提供することにより安全な移動を支援し，安心快適なまちづくりの構築を目的にしたシステムである（**図 5.9** 参照）。

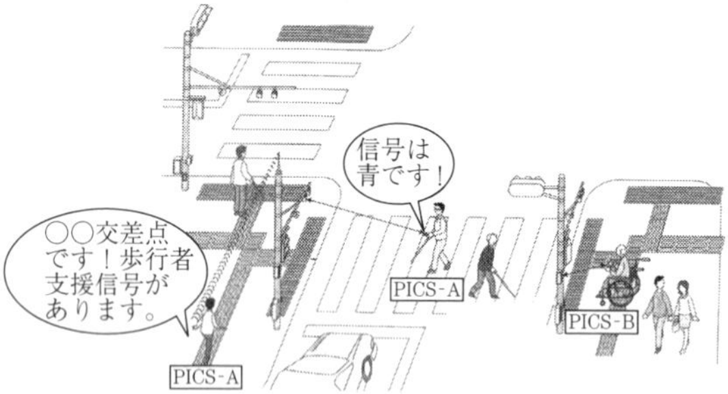

図 5.9　歩行者等支援情報通信システム（社団法人 新交通管理システム協会（UTMS））

システムは，視覚障害者を対象にしたものと車いす利用者や高齢者を対象にしたものとに大別される。前者は視覚障害者が所持する携帯情報端末機が光送信機などから情報を受信することにより，交差点に接近していることを音声で知らせ，横断歩道手前では交差点名や信号の状況を案内するシステムである。後者は，車いす利用者が所持する携帯情報端末機が光通信装置から情報を受信することにより，目的地までの最適な歩行ルートを画像や文字などで誘導するシステムである。このシステムは視覚障害者，車いす利用者，高齢者などの交通弱者に正確で安全な移動を確保することに大きな効果がある。

5.5.3　道　の　駅

これまでの道路は車や人などの通行，すなわち「ながれ」という交通効率を優先的に考えてきたが，「ながれ」とともに人への優しさやゆとりという観点から駐車，休憩，にぎわいの場といった「たまり」空間の充実を図ろうとする考えが生まれてきた。このような背景から整備されたのが「道の駅」である。「道の駅」のアイディアは 1990 年に開催された中国地域づくり交流会シンポジウムにおいて「道路に駅があってもよいのではないか」との提案がきっかけであった。1991 年には岐阜県飛騨地方，山口県萩市周辺などで既存の施設や仮設テントなどを用いて「道の駅」の試行実験が実施されたが，利用者からは休憩以外にも地域を直接理解できると好評を博した。

このような背景を踏まえ，国土交通省（建設省（当時））では1993年から始まった第11次道路整備5箇年計画の施策の一つとして「道の駅」の登録・案内制度を積極的に展開していくことになった。1993年の第1回の「道の駅」登録証の交付は全国で103箇所であったが，年々整備が進み，2008年現在では約900の「道の駅」が誕生している。「道の駅」は休憩機能，情報交流機能，地域の連携機能の3機能を持つ。3機能の概要はつぎのとおりである。

① 休憩機能　道路利用者がいつでも自由に休憩でき，清潔な24時間利用可能なトイレ，駐車場を設置している。

② 情報交流機能　各種の道路情報の提供を行うとともに，人と人，人と地域との交流により地域が持つ魅力を知ってもらい地域振興を図れるよう，人・歴史・文化・風景・産物などの地域に関する情報を提供する場所である。

③ 地域の連携機能　「道の駅」を軸とする広域的な連携と交流により，活力ある地域づくりを促進する場である。「道の駅」と地元住民との連携，「道の駅」と「道の駅」の連携など多くの連携が実現し，地域の活性化に貢献している。

これら3機能を担う施設は，駐車場，トイレ，案内所の基本的施設から公園，宿泊施設，歴史博物館，美術館，さらには特産品販売施設，温泉など地域の特性を生かした個性豊かな「道の駅」づくりが進められている。最近では，地域の防災拠点とすべき構想もあり，さらなる機能充実が図られる傾向にある。

演　習　問　題

【1】 自分の周囲における渋滞多発地点について調べ，その原因と対策について考察せよ。

【2】 わが国におけるTDMの事例について調べ，TDM施策の実現と成功に必要な要因について考察せよ。

【3】 自分の近所にある任意の信号機について，現示等の制御がどのようになされているかを調べよ。

6

交　通　環　境

交通環境の問題については，自動車保有台数の増加，それに伴う走行量の大幅な伸び，および道路の渋滞により各種の環境問題が発生してきた。自動車排出ガスに起因する二酸化窒素，浮遊粒子状物質等による大気汚染は，依然厳しい状況にある。また，道路沿道の騒音についても大都市圏を中心に厳しい状況が続いている。これらの緩和を図るために道路の環境施設帯を中心とした緑化や沿道対策がとられるようになってきた。

6.1　大気汚染（排気ガス，NO_x 等）

自動車に起因する大気汚染については，排出ガスの増加とそれに含まれる窒素酸化物（NO_x），硫黄酸化物（SO_x），浮遊粒子状物質（SPM）が問題となっていたが，京都議定書の発効（2005 年）に伴い，地球温暖化対策として CO_2 の削減についても重要となった。

6.1.1　大気汚染の現況

〔*1*〕　**窒素酸化物**　　一酸化窒素（NO），二酸化窒素（NO_2）等の**窒素酸化物**（NO_x）は，おもに物の燃焼等に伴って発生し，そのおもな発生源は，工場等の固定発生源と自動車等の移動発生源に分けられる。窒素酸化物は，光化学オキシダント，浮遊粒子状物質，酸性雨等の原因物質となり，特に二酸化窒素は，高濃度で呼吸器を刺激し，好ましくない影響を及ぼすとされる。

2012 年現在の二酸化窒素にかかわる有効測定局（年間測定時間が 6 000 時間以上の測定局）数は，一般環境大気測定局が 1 285 測定局，**自動車排出ガス測**

定局が 406 測定局で，対策地域外は減少が見られる。**図 6.1** のように，濃度の年平均値は近年横ばいで推移し改善する傾向にある。

自動車 NO_x・PM 法に基づく対策地域全体における環境基準達成局の割合は，自排局では，98.6 ％と近年改善傾向が見られる（**図 6.2** 参照）。

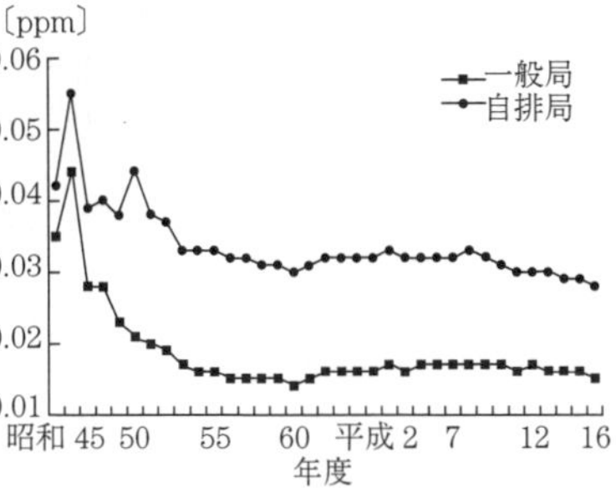

図 6.1 二酸化窒素濃度の年平均値の推移（1970〜2004 年度）[1)]

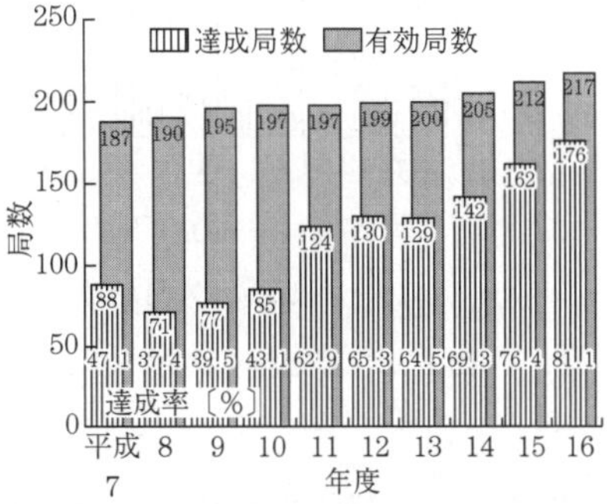

図 6.2 対策地域における二酸化窒素の環境基準達成状況の推移（自排局）[1)]

〔2〕 **浮遊粒子状物質**　大気中の粒子状物質は，降下煤塵（ばいじん）と浮遊粉塵に大別され，さらに浮遊粉塵は，環境基準の設定されている**浮遊粒子状物質（SPM）**とそれ以外に区別される。浮遊粒子状物質は大気中に長時間滞留するため，肺や気管等の呼吸器に悪影響を及ぼすおそれがある。また，浮遊粒子状物質は，発生源から直接大気中に放出される一次粒子と SO_x，NO_x，揮発性有機化合物（VOC）等のガス状物質が大気中で粒子状物質に変化する二次生成粒子に分けられる。ディーゼル車から排出されるディーゼル排気粒子（DEP）や工場等から排出される煤塵は，一次粒子である。

浮遊粒子状物質にかかわる有効測定局は 2012 年，一般環境大気測定局 1 320 測定局，自動車排出ガス測定局，394 測定局で，年平均値は，それぞれ 0.019 mg/m^3，0.021 mg/m と近年ほぼ横ばいから緩やかな減少傾向にある。

環境基準の達成率は，一般局 99.7 ％，自排局 99.7 ％と改善が見られ，環境基準をほぼ達成している（**図 6.3** 参照）。

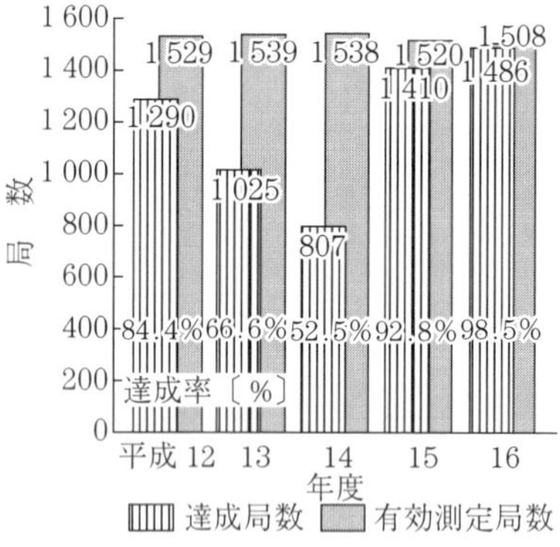

（a）　一般環境大気測定局

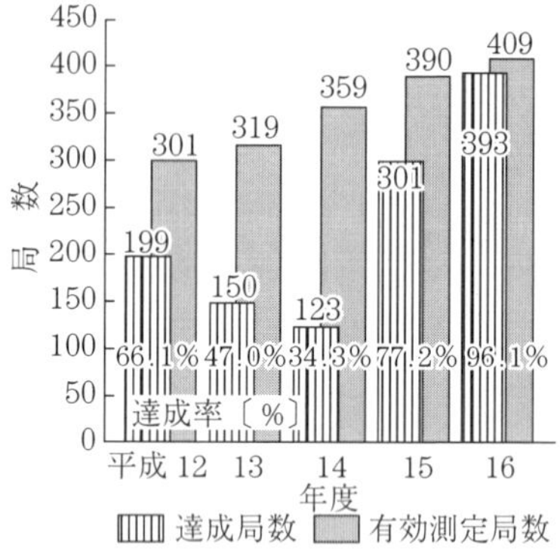

（b）　自動車排出ガス測定局

図 6.3　浮遊粒子状物質の環境基準達成状況の推移（2000〜2004 年度）[1]

6.1.2　二酸化窒素および浮遊粒子状物質等大気汚染にかかわる基準

大気汚染にかかわる環境基準については，**表 6.1** のように定められている。

表 6.1　大気汚染にかかわる環境基準[12]

物質	環境上の条件（設定年月日等）	測定方法
二酸化硫黄（SO_2）	1 時間値の 1 日平均値が 0.04 ppm 以下であり，かつ 1 時間値が 0.1 ppm 以下であること（48.5.16 告示）。	溶液導電率法または紫外線蛍光法
一酸化炭素（CO）	1 時間値の 1 日平均値が 10 ppm 以下であり，かつ，1 時間値の 8 時間平均値が 20 ppm 以下であること（48.5.8 告示）。	非分散型赤外分析計を用いる方法
浮遊粒子状物質（SPM）	1 時間値の 1 日平均値が 0.10 mg/m^3 以下であり，かつ，1 時間値が 0.20 mg/m^3 以下であること（48.5.8 告示）。	濾（ろ）過捕集による重量濃度測定方法またはこの方法によって測定された重量濃度と直線的な関係を有する量が得られる光散乱法，圧電天秤（びん）法もしくはベータ線吸収法
二酸化窒素（NO_2）	1 時間値の 1 日平均値が 0.04 ppm から 0.06 ppm までのゾーン内またはそれ以下であること（53.7.11 告示）。	ザルツマン試薬を用いる吸光光度法またはオゾンを用いる化学発光法
光化学オキシダント（O_x）	1 時間値が 0.06 ppm 以下であること（48.5.8 告示）。	中性ヨウ化カリウム溶液を用いる吸光光度法もしくは電量法，紫外線吸収法またはエチレンを用いる化学発光法

〔注〕 1. 環境基準は，工業専用地域，車道，その他一般公衆が通常生活していない地域または場所については適用しない。
2. 浮遊粒子状物質とは大気中に浮遊する粒子状物質であって，その粒径が 10 μm以下のものをいう。
3. 二酸化窒素について，1時間値の1日平均値が 0.04 ppm から 0.06 ppm までのゾーン内において現状程度の水準を維持し，またはこれを大きく上回ることとならないよう努めるものとする。
4. 光化学オキシダントとは，オゾン，パーオキシアセチルナイトレートその他の光化学反応により生成される酸化性物質（中性ヨウ化カリウム溶液からヨウ素を遊離するものに限り，二酸化窒素を除く）をいう。

6.1.3 道路における大気汚染発生源対策

自動車排出ガス対策としては，自動車単体の対策と燃料の対策がとられ，新車の排出ガス対策としては，1973 年以降**大気汚染防止法**に基づき規制が**図 6.4**，**図 6.5** のように逐次強化されてきた。それと同時に燃料中の硫黄分の大幅な低下を図ってきた（**図 6.6** 参照）。2002 年から自動車 NO_x・PM 法により，大都市地域では，「総量削減計画」に基づき排出量削減に向けた施策が計画的に進められている。

1996 年 5 月以降，中央環境審議会で今後の自動車排出ガス提言対策について継続的に審議が行われている。中でも**図 6.7** のように自動車 NO_x・PM 法により，交通渋滞が著しい大都市圏地域では関係都府県が 2003 年に策定した総量削減計画に基づいた施策を計画的に進めている。

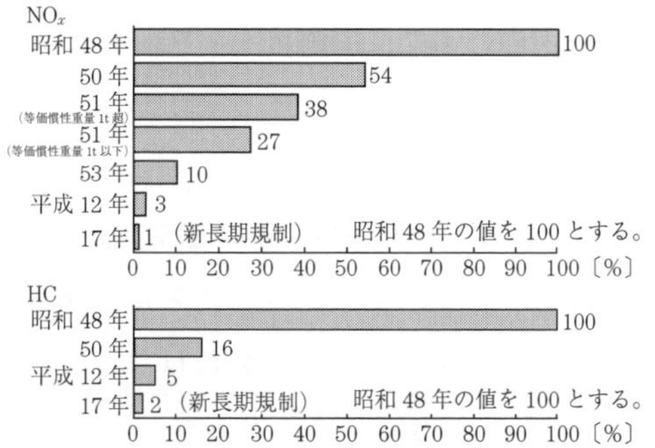

〔注〕 等価慣性重量とは排出ガス試験時の車両重量のこと。

図 6.4 ガソリン・LPG 乗用車規制強化の推移[1)]

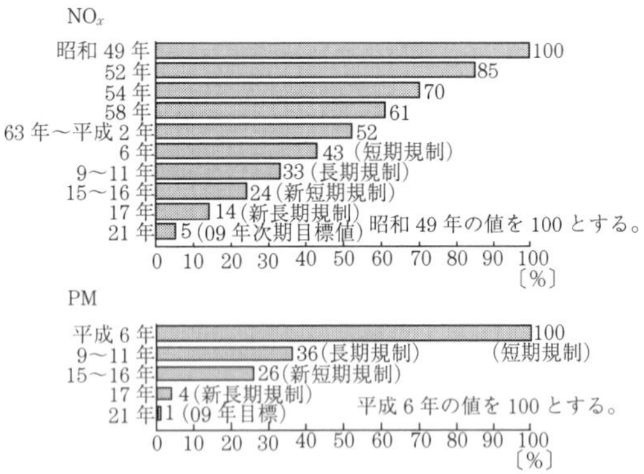

〔注〕 17 年から重量車の区分は 3.5 t 超に変更。

図 *6.5* ディーゼル重量車規制強化の推移[1)]

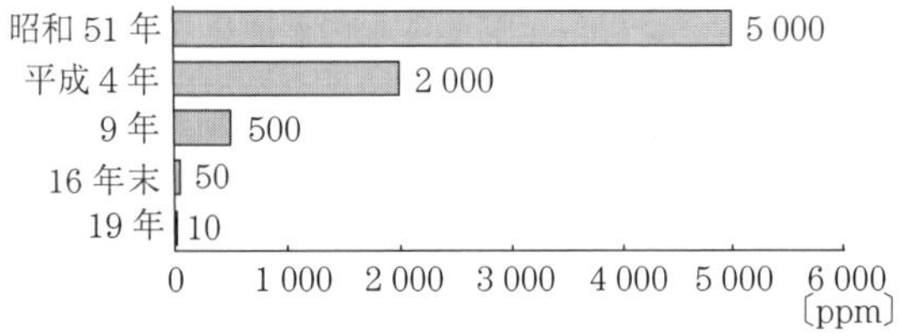

図 *6.6* 軽油中の硫黄分規制強化の推移[1)]

排出ガスの削減対策の考え方を整理すると，**表 *6.2*** のように ① 自動車単体の規制強化や低公害車低燃費車の普及を図り，排出係数の低減を図る。② **交通需要マネジメント**等の導入により自動車交通需要を抑制し，交通量の減少を図る。③ 交通容量拡大のために，道路ネットワーク等の整備を行い走行速度の向上を図る，の三つになる。

6.1.4 地球温暖化防止に向けた道路政策の基本方針

より効率的な道路交通システムの確立を図ることにより，経済活力の維持と地球環境規模での環境の保全を行っていかなければならない。これは，今後人口減少と高齢化の進むわが国の重要な課題である。わが国は，2002 年に**京都議定書**を締結しており，その国内担保法として「地球温暖化対策の推進に関する法律」を制定し，地球温暖化対策推進大綱（2002 年 3 月）をもとに 2005 年

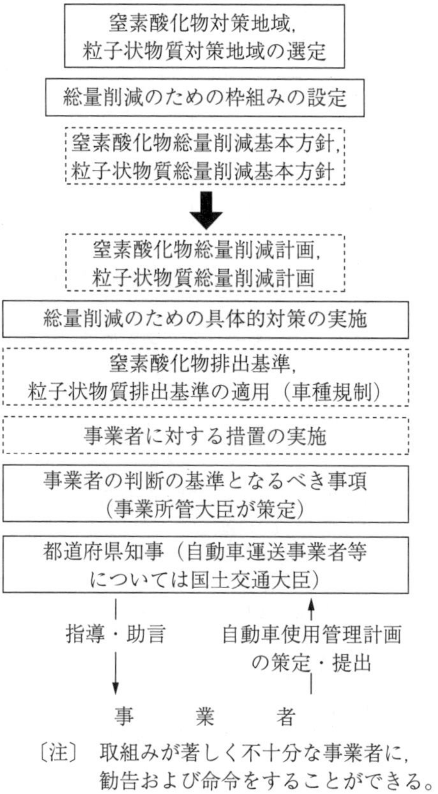

図 6.7　自動車 NO_x・PM 法の概要[1)]

3 月政府案が策定され，同年 4 月目標計画が閣議決定された。

京都議定書による排出削減の対象となる温室効果ガスは，二酸化炭素，メタン，一酸化二窒素，ハイドロフルオロカーボン，パーフルオロカーボン，六フッ化硫黄の 6 ガスで，後者の 3 ガスは，代替フロン等 3 ガスと総称される。以下に二酸化炭素についてのアクションプログラムを述べる。

6.1.5　二酸化炭素削減アクションプログラム

わが国の全二酸化炭素排出量のうち約 2 割を運輸部門が占めており，そのうち自動車交通から排出されるものは約 9 割を占める。貨物車などの軽油利用車

表 6.2　自動車排出ガス対策の基本的考え方等について[10)]

		具体的な対策		
		PM 対策	NO_x 対策	CO_2 対策
排出ガス削減対策	① 自動車単体の低公害・低燃費化	○DPF・酸化触媒の導入支援 ○軽油の低硫黄化 ○不正軽油の取締り		○省エネ基準適合車の普及促進（税制・行政指導等）
		○車種規制 ○大型ディーゼル車に代わる低公害車開発		
		○CNG 車等の低公害車の導入促進（税制・公的機関の率先導入等） ○低公害車用燃料供給施設の設置促進 ○燃料電池自動車の実用化促進		
	② 自動車交通需要の抑制	○環境ロードプライシング　○交通規制		○ロードプライシング
		○パーク&ランドの促進　○歩行者道・自転車道の整備　○駅前広場の整備　○時差出勤・フレックスタイムの促進　○LRT・路面電車等公共交通機関の整備　○VICS の普及促進等ドライバーへの情報提供の強化　○共同集配センターの整備等物流の効率化　○鉄道輸送，海上輸送の促進　○アイドリングストップ運動の展開　○事業者への迂回要請		
	③ 交通容量の拡大	○環状道路・バイパス等幹線道路ネットワークの整備　○交差点立体化，踏切改良等のボトルネック対策　○ETC の普及促進　○路上工事の縮減　○違法駐停車の取締り　○交通安全施設等の高度化		

両は貨物輸送の効率化等により，物流需要の拡大にもかかわらず，図 **6.8** のように 2002 年までの 5 年間で 13 %減少しているが，乗用車等のガソリン利用車は逆に 7 %増加している。

このような中で道路および交通政策で二酸化炭素の削減を図っていくためには，方策が以下のように大きく四つに分けられる（図 **6.9** 参照）。

〔*1*〕 **人と車のかかわり方の再考**　個々の人の自動車利用パターンの適正化を図り，住民の車利用に対するかかわり方を考える。また，公共交通システムの改善と運用改善のため，公共交通機関の利便性向上に向け，公共交通事業者，道路管理者，利用者，地方公共団体等が一体となって取り組む。エコドライブの推進を図り，アイドリングストップ等のエコドライブ診断を行ったり，

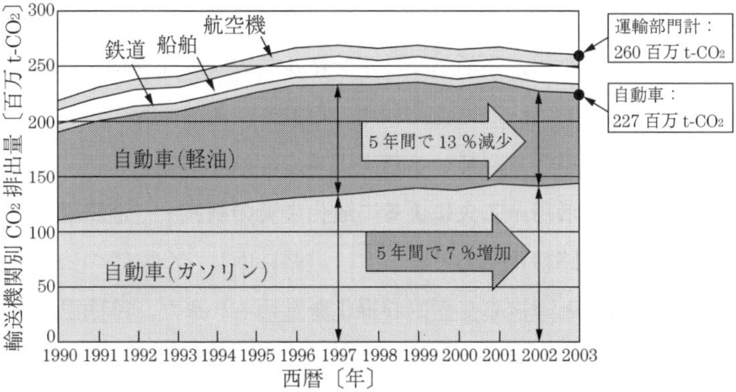

図 6.8　運輸部門の二酸化炭素排出量の推移[2)]

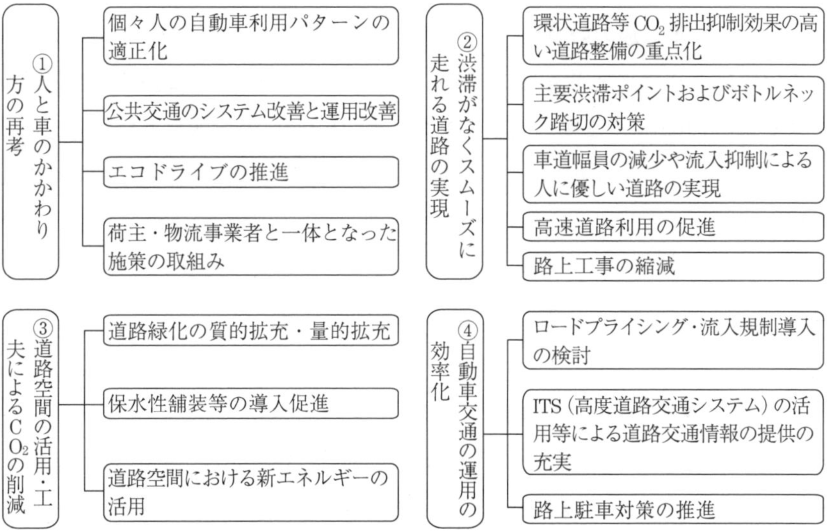

図 6.9　道路政策における二酸化炭素削減アクションプログラム[2)]

ディジタルタコメーター等による運行管理システムの普及を図る。荷主・物流事業者一体となった施策の取組みとしては，環境負荷の少ない輸送システムの利用や公共事業関連の貨物車の環境配慮などが挙げられる。

〔*2*〕　**渋滞がなくスムーズに走れる道路の実現**　　首都圏三環状道路のような二酸化炭素排出抑制効果の高い道路の重点整備や主要渋滞ポイントやボトル

ネックとなっている踏切の対策を行う。車道幅員の減少や流入抑制による人に優しい道路の実現のため，生活道路に**ボンネルフ**のような通過交通抑制のための計画を策定する。また，高速道路利用の促進や渋滞の原因の一つとして地球温暖化対策大綱でも挙げられている路上工事の縮減を図る。

〔*3*〕 **道路空間の活用・工夫による二酸化炭素の削減**　　**道路緑化**の推進を行うため，線的な道路緑化にとどまらず，道路に面した公園等の公的・私的な空間についても沿道と連携して面的な緑化を進める。また，路面温度を低下させる保水性舗装や遮熱性舗装等の導入を促進する。道路照明や道路管理に使用するエネルギー削減のため，太陽光や風力などの新エネルギーを道路空間で活用する。

〔*4*〕 **自動車交通の効率化**　　*5* 章で述べた**高度道路交通システム**（ITS）の活用等により道路交通情報の提供充実を図る。そのため，**道路交通情報通信システム**（VICS）や**自動料金収授システム**（ETC）の利用および普及を促進する。渋滞原因の一つとなっている路上の違法駐車を抑制することで効率的な走行を図る。

6.2　騒　　　音

6.2.1　騒音の現況と環境基準

道路に面する地域における騒音の環境基準の達成状況は，自動車騒音の常時監視結果によると図 *6.10* のように全国 266 万 3 千戸の住居等を対象に行った評価では，昼夜とも環境基準を達成したのは 216 万 7 千戸（81.4 %），このうち，幹線交通を担う道路に近接する空間にある 110 万 9 千戸のうち環境基準を達成したのは，78 万 4 千戸（70.7 %）であった。

一方，幹線交通を担う道路に近接する空間の背後地や幹線道路以外の道路に面する地域（非近接空間）における 155 万 3 千戸について昼夜とも基準を達成していたのは 138 万 2 千戸（89.0 %）であった。さらに，新しい「騒音に関する環境基準について」は，1998 年公布され，1999 年 4 月から施行された。

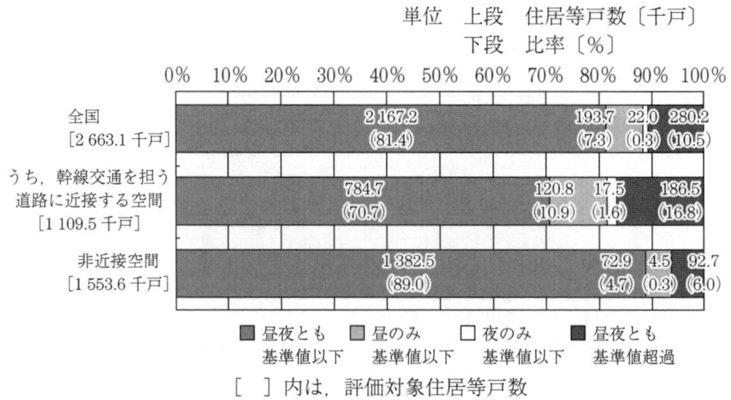

(*a*)

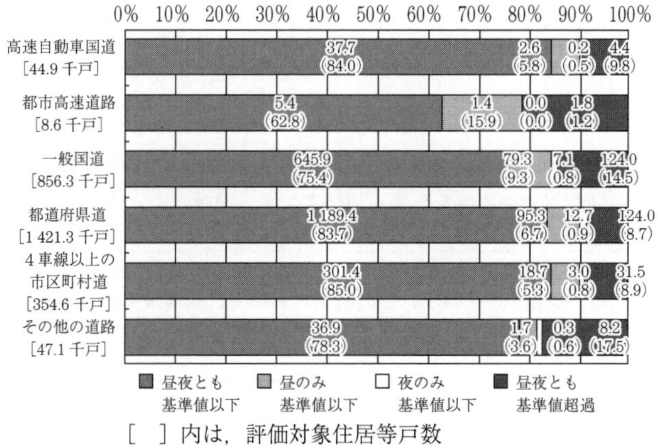

(*b*)

〔注〕 1. 「幹線交通を担う道路」は，高速自動車国道，都市高速道路，一般国道，都道府県道，4 車線以上の市町村道。
2. 「幹線交通を担う道路に近接する空間」は，つぎの車線数の区分に応じ道路端からの距離により範囲が特定される。
・2 車線以下の車線を有する幹線交通を担う道路　15 m
・2 車線を超える車線を有する幹線交通を担う道路　20 m
3. 昼間（6 時～22 時），夜間（22 時～6 時）

図 6.10　騒音環境基準達成状況の評価結果（2004 年度）[3)]

環境基準は，地域の累計および時間の区分ごとに**表 *6.3*** の基準値の欄に掲げるとおりとし，各類型を当てはめる地域は都道府県知事が指定する。

表 *6.3*　騒音にかかわる環境基準（2005 年 5 月 26 日 環境省告示）

地域の類型	基準値	
	昼間	夜間
AA	50 dB 以下	40 dB 以下
A および B	55 dB 以下	45 dB 以下
C	60 dB 以下	50 dB 以下

〔注〕 1. 時間の区分は，昼間を午前 6 時から午後 10 時までの間とし，夜間を午後 10 時から翌日の午前 6 時までの間とする。
2. AA を当てはめる地域は，療養施設，社会福祉施設等が集合して設置される地域など特に静穏を要する地域とする。
3. A を当てはめる地域は，もっぱら住居の用に供される地域とする。
4. B を当てはめる地域は，主として住居の用に供される地域とする。
5. C を当てはめる地域は，相当数の住居と併せて商業，工業等の用に供される地域とする。

ただし，「道路に面する地域」においては，下表に掲げる基準値とする。

地域の区分	基準値	
	昼間	夜間
A 地域のうち 2 車線以上の車線を有する道路に面する地域	60 dB 以下	55 dB 以下
B 地域のうち 2 車線以上の車線を有する道路に面する地域および C 地域のうち車線を有する道路に面する地域	65 dB 以下	60 dB 以下

〔注〕 車線とは，1 縦列の自動車が安全かつ円滑に走行するために必要な一定の幅員を有する帯状の車道部分をいう。この場合において，幹線交通を担う道路に近接する空間については，上表にかかわらず，特例として次表の基準値の欄に掲げるとおりとする。

基準値	
昼間	夜間
70 dB 以下	65 dB 以下

〔注〕 個別の住居等において騒音の影響を受けやすい面の窓を主として閉めた生活が営まれていると認められるときは，屋内へ透過する騒音にかかわる基準（昼間にあっては 45 dB 以下，夜間にあっては 40 dB 以下）によることができる。

6.2.2　道路騒音測定の評価

1971 年の旧環境基準では，道路騒音の評価は，JIS 規定の騒音計を用い人間の聴感特性にあわせて低い周波数領域をカットした A 特性で計測した騒音レベルの中央値（$L_{A50,T}$）が使用されていた。その後，騒音影響に関する研究の進展，騒音測定技術の向上により，1998年に国際的に評価方法として広く採用されてきた等価騒音レベル（$L_{Aeq,T}$）に変更された。また，道路に面する地域における環境基準達成状況の評価方法は，従来「その地域を代表すると思われる」測定点の騒音レベルとされていたが，基準値を超える騒音に暴露される住居等の戸数やその割合を把握することにより評価する「面的な」評価へと変更された。

等価騒音レベル（$L_{Aeq,T}$）は，ある時間範囲 T について変動する騒音レベルをエネルギー的な平均値として表したもので，時間的に変動する騒音のある時間範囲 T における等価騒音レベルは，その騒音の時間範囲 T における平均二乗音圧と等しい平均二乗音圧を持つ定常音の騒音レベルに相当する。単位はデシベル〔dB〕である。

$$L_{Aeq,T}=10\log_{10}\left(\frac{1}{N}\sum_{i=1}^{N}10^{L_{Aeq,\,i}/10}\right) \tag{6.1}$$

ここで，N：時間範囲 T におけるサンプル数，$L_{Aeq,i}$：サンプル i の騒音レベル（等価騒音レベル）〔dB〕である。

記述の基準値は，つぎの方法により評価した場合の値とする。

① 評価は，個別の住居等が影響を受ける騒音レベルによることを基本とし，住居等の用に供される建物の騒音の影響を受けやすい面における騒音レベルによって評価するものとする。この場合において屋内へ透過する騒音にかかわる基準については，騒音の影響を受けやすい面における騒音レベルから当該建物の防音性能値を差し引いて評価するものとする。

② 騒音の評価手法は，等価騒音レベルによるものとし，時間の区分ごとの全時間を通じた等価騒音レベルによって評価することを原則とする。

③ 評価の時期は，騒音が1年間を通じて平均的な状況を呈する日を選定するものとする。

④ 騒音の測定は，計量法第71条の条件に合格した騒音計を用いて行うものとする。この場合において周波数補正回路はA特性を用いることとす

る。

⑤　騒音の測定に関する方法は，原則として JIS Z 8731 による。ただし，時間の区分ごとに全時間を通じて連続して測定した場合と比べて統計的に十分な精度を確保し得る範囲内で，騒音レベルの変動等の条件に応じて，実測時間を短縮することができる。当該建築物による反射の影響が無視できない場合にはこれを避け得る位置で測定し，これが困難な場合には，実測値を補正するなど適切な措置を行うこととする。また，必要な実測時間が確保できない場合等においては，測定に代えて道路交通量等の条件から騒音レベルを推計する方法によることができる。なお，著しい騒音を発生する工場および事業所，建設作業の場所，飛行場ならびに鉄道の敷地内ならびにこれらに準ずる場所は，測定場所から除外する。

環境基準の達成状況の地域としての評価は，つぎの方法により行うものとする。

①　道路に面する地域以外の地域については，原則として一定の地域ごとに当該地域の騒音を代表すると思われる地域を選定して評価するものとする。

②　道路に面する地域については，原則として一定の地域ごとに当該地域内のすべての住居等のうち記述の環境基準の基準値を超過する戸数および割合を把握することにより評価するものとする。

6.2.3　道路交通騒音対策の状況

道路交通騒音対策は，**表 *6.4*** のように国土交通省，警察庁，環境省で行われており，自動車構造の改善により自動車単体から発生する騒音そのものを減らす発生源対策，交通規制や信号機の高度化，バイパスや物流拠点等の整備による交通流対策，**図 *6.11*** のように遮音壁や環境施設帯高機能舗装の設置，路面の排水性の向上などによる道路構造対策，沿道地区計画等による沿道対策，住宅防音工事助成などの障害防止対策，道路交通公害対策推進体制の整備等が行われている。

表 6.4 道路交通騒音対策の状況[1)]

対策の分類	個別対策	概要および実績など
発生源対策	自動車騒音単体対策	自動車構造の改善により自動車単体から発生する騒音の大きさそのものを減らす。 ・加速走行騒音規制の強化／昭和 46 年規制と比較して車種により 6～11 デシベル（音のエネルギーに換算して 75～92 %）の低減（昭和 51 年～62 年） ・近接排気騒音規制の導入／車種により段階的に導入（昭和 61 年～平成元年） ・平成 4 年 11 月および平成 7 年 2 月の審議会答申において示された許容限度について，平成 13 年までに規制を強化 加速走行騒音 - 車種により 1～3 dB（同 21～50 %）の低減 定常走行騒音 - 車種により 1.0～6.1 dB（同 21～75 %）の低減 近接排気騒音 - 車種により 3～11 dB（同 50～92 %）の低減
	電気自動車等の低公害車の普及促進	騒音の小さい電気自動車等の低公害車を普及させることによって道路交通騒音の低減を図る。 ・導入状況／低公害車約 113 000 台（うち電気自動車約 5 600 台）（平成 14 年度末）
交通流対策	交通規制等	信号機の高度化等を行うとともに，効果的な交通規制，交通指導取締りを実施すること等により，道路交通騒音の低減を図る。 ・大型車の通行禁止 環状 7 号線以内および環状 8 号線の一部（土曜日 22 時～日曜日 7 時） ・大型車の中央寄り車線規制 環状 7 号線および国道 43 号の一部区間等 ・信号機の高度化 103 834 基（平成 16 年度末現在における集中制御，感応制御，系統制御の合計） ・最高速度規制 国道 43 号および国道 23 号の一部区間における 40 km/h 規制）
	バイパス等の整備	環状道路，バイパス等の整備により，大型車の都市内通過の抑制および交通流の分散を図る。
	物流拠点の整備等	物流施設等の適正配置による大型車の都市内通過の抑制および共同輸配送等の物流の合理化により交通量の抑制を図る。 ・流通業務団地の整備状況／札幌 1，花巻 1，郡山 2，水戸 1，宇都宮 1，東京 5，新潟 1，富山 1，名古屋 1，岐阜 1，大阪 2，神戸 3，米子 1，岡山 1，広島

表 6.4 （つづき）

対策の分類	個別対策	概要および実績など
交通流対策	物流拠点の整備等	2，福岡 1，熊本 1，大分 1，鹿児島 1（平成 14 年度末） （数字は都計決定されている流通業務団地計画地区数） ・一般トラックターミナルの整備状況／3 815 バース（平成 14 年度末） ・共同輸配送の推進（平成 14 年度実績）／福岡市天神地区・熊本市街地区・さいたま新都心地区
道路構造対策	高機能舗装の設置	路面の排水性の向上を目的として空隙率の高い多孔質の排水性混合物を，表層または表層・基層に用いるなど，タイヤ騒音の抑制や車両音の吸収効果がある舗装を敷設する。
	遮音壁の設置	遮音効果が高い。 沿道との流出入が制限される自動車専用道路等において有効な対策。 ・環境改善効果／約 10 dB（平面構造で高さ 3 m の遮音壁の背面，地上 1.2 m の高さでの効果（計算値））
	環境施設帯の設置	沿道と車道の間に 10 m または 20 m の緩衝空間を確保し道路交通騒音の低減を図る。 ・「道路環境保全のための道路用地の取得及び管理に関する基準」（昭和 49 年建設省都市局長・道路局長通達）
沿道対策	沿道地区計画の策定	道路交通騒音により生ずる障害の防止と適正かつ合理的な土地利用の推進を図るため都市計画に沿道地区計画を定め，幹線道路の沿道にふさわしい市街地整備を図る。 ・幹線道路の沿道の整備に関する法律（沿道法　昭和 51 年法律第 34 号） 沿道整備道路指定要件／夜間騒音 65 dB 超（L_{Aeq}）または昼間騒音 70 dB 超（L_{Aeq}）日交通量 10 000 台超他 沿道整備道路指定状況／9 路線 123 km が都道府県知事により指定されている。国道 4 号，国道 23 号，国道 43 号，国道 254 号，環状 7，8 号線等 沿道地区計画策定状況／42 地区 94.1 km で沿道地区計画が策定されている。

表 6.4 （つづき）

対策の分類	個別対策	概要および実績など
沿道対策	沿道地区計画の策定	（実績は，平成 15 年 3 月末現在）
障害防止対策	住宅防音工事の助成の実施	道路交通騒音の著しい地区において，緊急措置としての住宅等の防音工事助成により障害の軽減を図る。また，各種支援措置を行う。 ・道路管理者による住宅防音工事助成 ・高速自動車国道等の周辺の住宅防音工事助成 ・市町村の土地買入れに対する国の無利子貸付 ・道路管理者による緩衝建築物の一部費用負担
推進体制の整備	道路交通公害対策推進のための体制づくり	道路交通騒音問題の解決のために，関係機関との密接な連携を図る。 ・環境省／関係省庁との連携を密にした道路公害対策の推進 ・地方公共団体／国の地方部局（一部），地方公共団体の環境部局，道路部局，都市部局，都道府県警察等を構成員とする協議会等による対策の推進（全都道府県が設置）

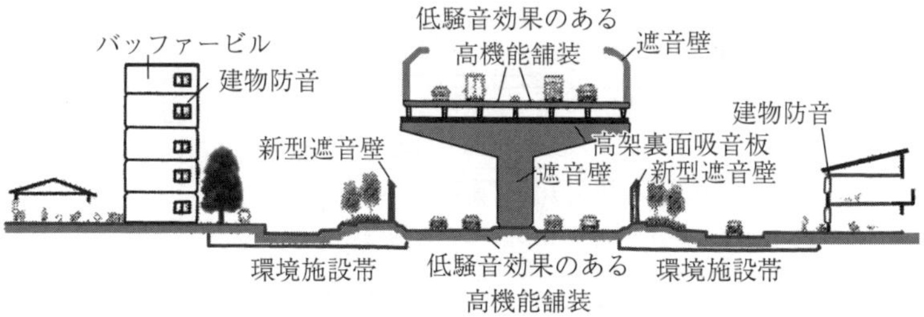

対　策	内　容	効果
騒音低減効果のある高機能舗装	発生音の低減	約 3 dB
遮音壁	音の回折による低減	約 10 dB
環境施設帯	音の距離減衰による低減	5 ～ 10 dB
高架裏面吸音板	高架道路からの反射音の低減	2 ～ 5 dB

（反射音の寄与の程度による）

図 6.11　騒音にかかわる道路構造対策のイメージ[10)]

6.3 環境を考慮した交通

6.3.1 緑化等による道路空間の創出

これまで，道路空間は，道路構造令における**環境施設帯**の設置（**図 *6.11*** 参照）や緑道などにより，都市空間におけるオープンスペースや自然との共生が図られてきた。また，道路から電柱をなくし，地下に電力線や通信線をまとめて収容する**電線共同溝**等による電線類地中化が 1986 年度から進められている。このような中で 2003 年 7 月国土交通省では，「美しい国づくり政策大綱」が策定され，2004 年には**景観法**が施行された。政策大綱は，**図 *6.12*** のように公共事業における景観アセスメント，良好な景観形成を図るための景観ガイ

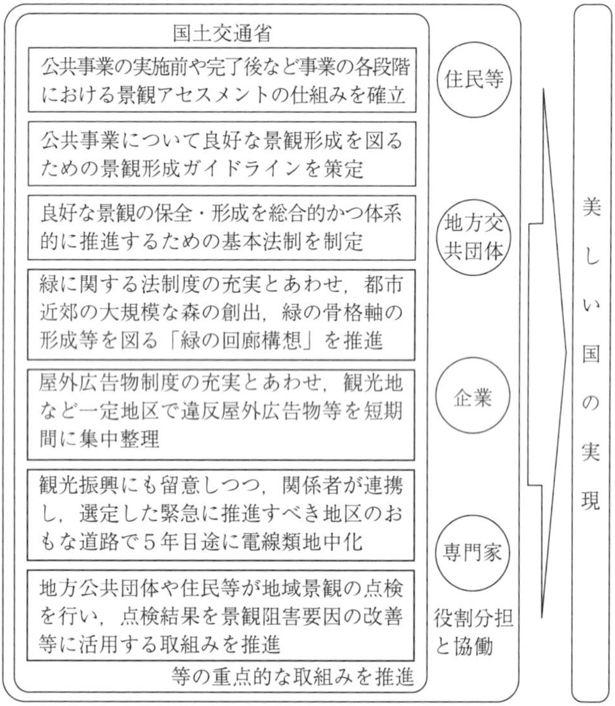

図 *6.12* 美しい国づくり政策大綱のポイント[6)]

ドラインの策定，緑に関する法制度の充実とあわせ，都市近郊の大規模な森の創出，緑の骨格軸の形成を図る等，緑の回廊構想を推進する。また，屋外広告物制度の充実を図る。これらの一環としてすでに道路防護策の景観ガイドライン等が策定されている。

6.3.2 都市交通における道路網の形成

環境や交通混雑，安全から見た交通問題は，これまで道路を機能別に段階構成させることで，都心部の集中や住宅地の通過交通の問題を解消しようとしてきた。それらは，1928年の**ラドバーン**計画などから始まり，1963年には英国で**ブキャナンレポート**が出され，自動車交通と居住環境の調和について提案がなされた。これらは，主として ① 道路の段階的序列構成，② 居住環境地区の設定，③ 歩車分離の三つである。詳細については ***3*** 章に述べられている。

6.3.3 渋滞対策と環境

道路交通環境に与える渋滞の影響は大きく，各種の取組みが行われてきた。これまで ***6.1.5*** 項で述べたものと重複する部分もあるが，環境対策の面から渋滞の対策は重要と考えられるのでまとめてみる。

ハードウェアの面からは，交通容量拡大のためのバイパス，環状道路の整備，右折レーンの設置等交差点の改良や立体化によるボトルネック解消対策等がある。特に首都圏においては環状道路の整備が遅れており，通過交通が都心にまで流入する状況にあり，渋滞の緩和解消に整備が必要とされる。また，全国に32 000箇所存在する踏切のうち，開かずの踏切のような踏切の問題は，地域の分断や慢性的な交通渋滞を起こしている。その他，渋滞の原因としては，路上工事によるもの，交通容量を低下させる路上駐車によるもの等があり，工事情報の提供や工事の縮減による対策がとられている。路上駐車に対しては，駐車場整備の進展とともに違法駐車に対する取締りの強化が図られている。

また，ソフトウェア施策としては，複数の交通機関の連携により交通を円滑化させる**マルチモーダル**や都市内交通を適切に誘導する**交通需要マネジメント**

（TDM）施策などが行われている。料金所での渋滞を解消するETCの普及も促進されている。その他，公共交通の利用促進を図るため，バス交通再生プロジェクトやLRT導入促進などが図られている。

6.3.4 動植物との共生

1994年に旧建設省が策定した環境政策大綱には，**エコロード**の整備として記載された。エコロードは，道路のルートや構造の検討に当たって，動植物の分布状況等の地域の自然環境等に関する調査を踏まえ，自然との調和を目指したルート選定等を行うとともに自然環境の豊かな地域では，必要に応じ，橋梁・トンネル構造等地形・植生の大きな改変を避けるための構造形式の採用を図る。また，動物が道路を横断するための「けもの道」の確保，野鳥の飛行コースに配慮した植樹，小動物がはい出せる側溝，産卵池の移設等，生態系全般との共生を図るための構造・広報を推進するものである。

6.3.5 道路と景観

道路と景観は，***6.3.1***項の記載とも関連する。地域の自然，歴史，文化等の特徴を持つ美しい道路空間の形成は，地域コミュニティーの再生と人の交流を促す上で重要な役割を担う。アメリカには，1990年代より**シーニックバイウェイ**（Scenic Byway）と呼ばれる景観の優れた道がある。

わが国では，2002年度より北海道において試行が行われてきた。現在は，住民の積極的な参加のもと，全国各地に美しい風景を広げながら地域コミュニティーの再生を図るとともに，地域資源や個性を生かした多様で質の高い風景を形成する運動として「日本風景街道（シーニックバイウェイジャパン）」が推進されている。

6.4 道路事業と環境影響評価

環境アセスメント（環境影響評価）は，土地の形状の変更，工作物の新設，その他これらに類する事業を行う事業者が，その事業実施に当たりあらかじめ環境への影響を自ら適正に調査，予測，評価を行い，その結果から環境保全の措置等を検討し，その事業および計画を環境保全上より望ましいものとしていく仕組みである。

1969年にアメリカ国家環境政策法（National Environmental Policy Act, 略して NEPA）が制度化され，世界各国で環境アセスメントの制度化が進展した。現在では，OECD 加盟国すべてがアセスメントの手続きを規定する法制度を制定している。

わが国では，1972年の「各種公共事業に係わる環境保全対策について」の閣議了解以来，環境アセスメントに関する取組みが行われてきた。そして，法制化は，ようやく1997年**環境影響評価法**が公布，1999年6月施行された。

6.4.1 環境影響評価の対象事業

対象事業は，規模が大きく環境に著しい影響を及ぼす可能性があり，かつ国が実施，または，許認可等を行う事業である。**表 6.5** に示すように，必ず環境アセスメントを行う一定規模以上の事業（第一種事業）を定めるとともに，第一種事業に準ずる規模を有する事業（第二種事業）を定め，個別の事業や地域の違いを踏まえ実施の必要性を個別に判定する仕組みを設けている。

6.4.2 環境影響評価の手続きの流れ

手続きのおもな流れを**図 6.13** に示す。

スクリーニングとは，第二種事業の判定を行うもので，事業の許認可等を行う行政機関が都道府県知事の意見を聞いて環境影響評価を行うかどうかの判定を行うことであり，**スコーピング**とは，方法書の手続きならびに環境影響評価の項目および手法の選定を行うことである。事業が環境に及ぼす影響は，個々の事業の具体的な内容や実施される地域の環境状況に応じて異なることから，環境影響評価の項目（**表 6.6** 参照），および調査・予測・評価の手法を画一

表 6.5　環境影響評価の対象事業[12)]

	第1種事業（必ず環境アセスメントを行う事業）	第2種事業（環境アセスメントが必要かどうかを個別に判断する事業）
1．道路		
高速自動車国道	すべて	
首都高速道路など	4車線以上のもの	
一般国道	4車線以上・10 km 以上	4車線以上・7.5～10 km
大規模林業圏開発林道	幅員 6.5 m 以上・20 km 以上	幅員 6.5 m 以上・15～20 km
2．河川		
ダム，堰（せき）	湛（たん）水面積 100 ha 以上	湛水面積 75～100 ha
放水路，湖沼開発	土地改変面積 100 ha 以上	土地改変面積 75～100 ha
3．鉄道		
新幹線鉄道	すべて	
鉄道，軌道	長さ 10 km 以上	長さ 7.5～10 km
4．飛行場	滑走路長 2 500 m 以上	滑走路長 1 875～2 500 m
5．発電所		
水力発電所	出力3万 kw 以上	出力 2.25 万～3万 kw
火力発電所	出力 15 万 kw 以上	出力 11.25 万～15 万 kw
地熱発電所	出力1万 kw 以上	出力 7 500～1万 kw
原子力発電所	すべて	
6．廃棄物最終処分場	面積 30 ha 以上	面積 25～30 ha
7．埋立て，干拓	面積 50 ha 超	面積 40～50 ha
8．土地区画整理事業	面積 100 ha 以上	面積 75～100 ha
9．新住宅市街地開発事業	面積 100 ha 以上	面積 75～100 ha
10．工業団地造成事業	面積 100 ha 以上	面積 75～100 ha
11．新都市基盤整備事業	面積 100 ha 以上	面積 75～100 ha
12．流通業務団地造成事業	面積 100 ha 以上	面積 75～100 ha
13．宅地の造成事業*	面積 100 ha 以上	面積 75～100 ha
○港湾計画	埋立て・掘込み面積の合計 300 ha 以上	

〔注〕　*　「宅地」には，住宅地以外に工場用地なども含まれる。

的に定めるのでなく，個別の案件ごとに項目・手法を絞り込んでいく仕組みとして導入された。事業者は，環境影響評価の項目・手法の案を記載した「環境影響評価方法書」を作成し，公告・縦覧して都道府県知事・市町村長・住民等の意見を聞き，これらの意見や事業特性・地域特性の把握を行い，その結果を踏まえ，具体的な項目と手法を選定する。

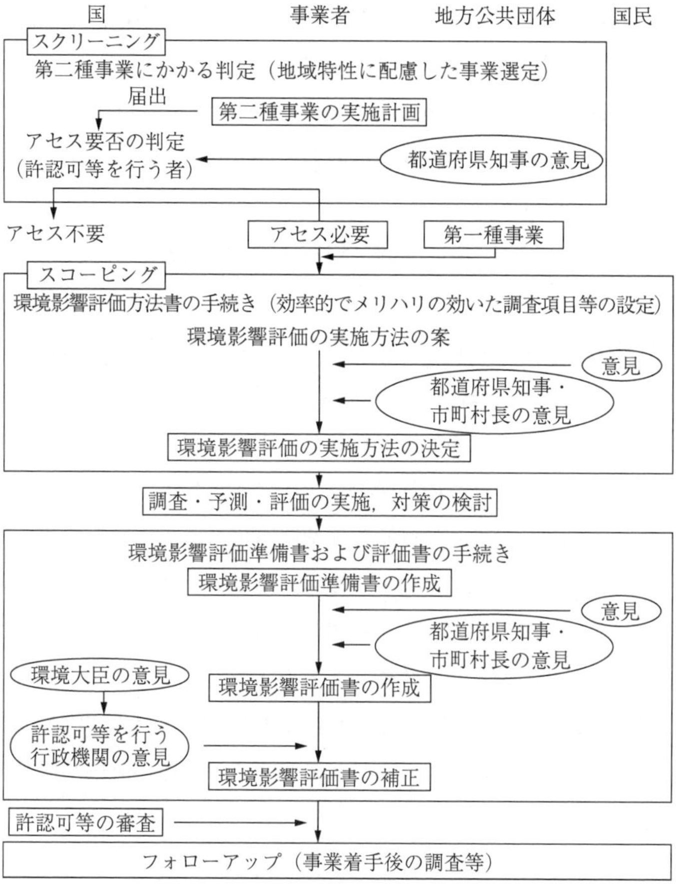

図 6.13 環境影響評価法の手続きの流れ[1)]

表 6.6 環境影響評価における標準項目[9)]

	標準項目
環境の自然的構成要素の良好な状態の保持を旨とした環境要素	大気，騒音，振動，水質，地形および地質，その他の環境要素（日照阻害等）
生物の多様性の確保および自然環境の体系的保全を旨とした環境要素	動物，植物，生態系
人と自然との豊かな触合いの確保を旨とした環境要素	景観，人と自然との触合いの活動の場
環境への負荷の程度による環境要素	廃棄物等

都市計画事業として道路の環境影響評価を実施する場合は，都市計画の手続きとアセスメントの手続きを同時に実施することになる。

また，事業着手後の調査等を行うフォローアップが設定されている。これは，予測の不確実性から，環境保全措置の一環として行われるものである。

6.5　交通バリアフリー法

交通バリアフリー法（高齢者，身体障害者等の公共交通機関を利用した移動の円滑化の促進に関する法律）が2000年11月に施行され，都市における街路や公共施設に対しても各種の配慮が払われるようになった。**ユニバーサルデザイン**という言葉は，アメリカの建築家ロン・メイスにより使用されたといわれている。バリアフリーのように高齢の人や障害のある人だけを対象とするのではなく，住民すべてにとってよいものを考えるというところから出ている。すなわち，すべての年齢や能力の人々に対し，可能な限り使いやすい製品を開発したり，環境をデザインしたりすることである。

今後，日本では高齢化が進み，2020年には65歳以上人口の割合が25％を超えると予測されている。これからは，このような配慮が計画や環境デザインに必要とされる。

交通バリアフリー法の概要は，国が公共交通機関を利用する高齢者，身体障害者等の移動の利便性および安全性の向上を総合的かつ計画的に推進するために基本方針を策定する。内容としては，図 ***6.14*** のように移動円滑化のために公共交通事業者が講ずべき措置や市町村が基本構想作成することなどで，前者は，公共交通事業者に対して鉄道駅等の旅客施設の新設・改良，車両の新規導入の際，法律に基づいて定められるバリアフリー基準への適合を義務づける。内容としては，エレベーター，エスカレーター等の設置，誘導警告ブロックの敷設等が挙げられる。後者は，市町村が一定規模の旅客施設を中心とした地区において重点的に整備する地区を設定し，施設，道路等のバリアフリー化を重点的・一体的に推進するというもので，2005年10月末現在，193市町村

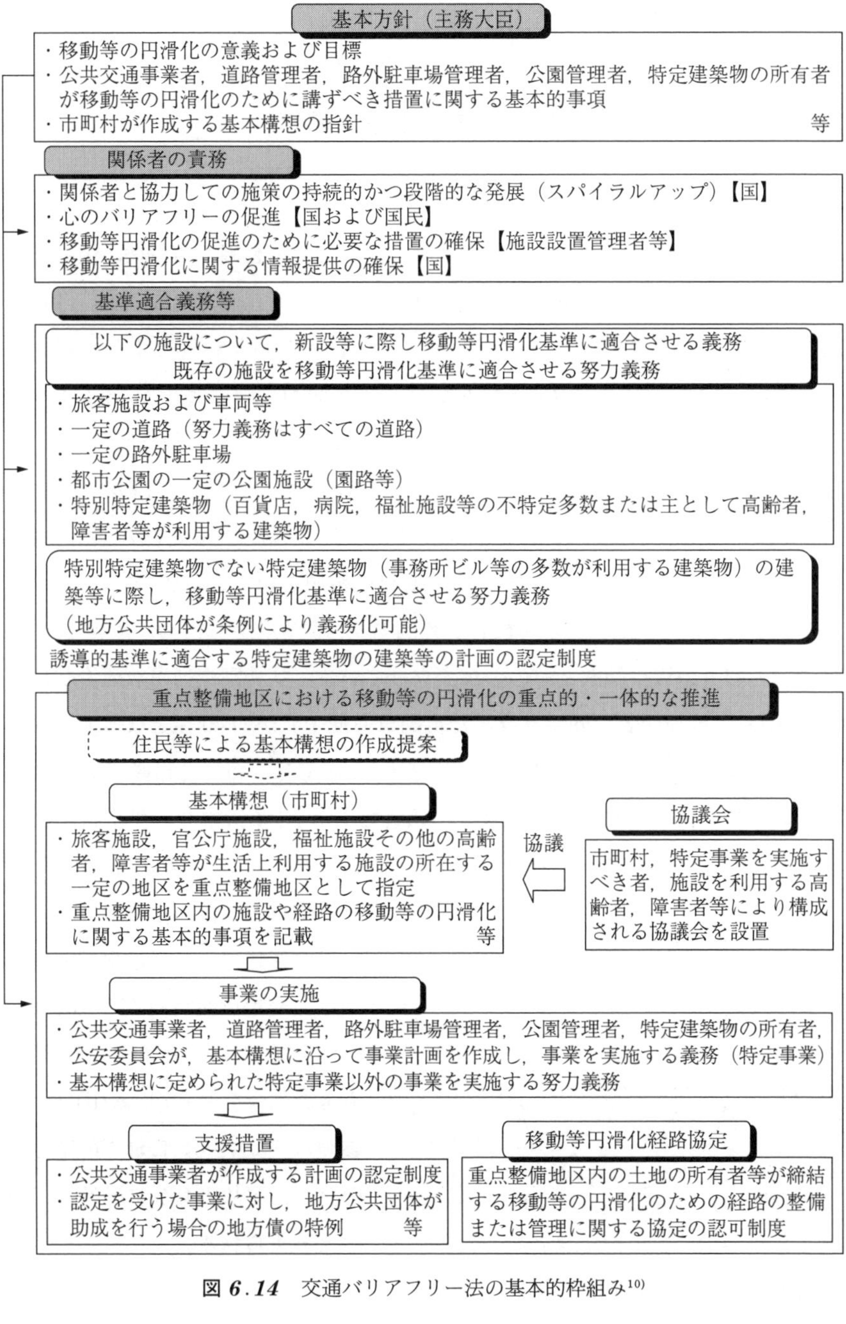

基本方針（主務大臣）
・移動等の円滑化の意義および目標
・公共交通事業者，道路管理者，路外駐車場管理者，公園管理者，特定建築物の所有者が移動等の円滑化のために講ずべき措置に関する基本的事項
・市町村が作成する基本構想の指針　等
関係者の責務
・関係者と協力しての施策の持続的かつ段階的な発展（スパイラルアップ）【国】
・心のバリアフリーの促進【国および国民】
・移動等円滑化の促進のために必要な措置の確保【施設設置管理者等】
・移動等円滑化に関する情報提供の確保【国】
基準適合義務等
以下の施設について，新設等に際し移動等円滑化基準に適合させる義務
既存の施設を移動等円滑化基準に適合させる努力義務
・旅客施設および車両等
・一定の道路（努力義務はすべての道路）
・一定の路外駐車場
・都市公園の一定の公園施設（園路等）
・特別特定建築物（百貨店，病院，福祉施設等の不特定多数または主として高齢者，障害者等が利用する建築物）
特別特定建築物でない特定建築物（事務所ビル等の多数が利用する建築物）の建築等に際し，移動等円滑化基準に適合させる努力義務
（地方公共団体が条例により義務化可能）
誘導的基準に適合する特定建築物の建築等の計画の認定制度
重点整備地区における移動等の円滑化の重点的・一体的な推進
住民等による基本構想の作成提案
基本構想（市町村）
・旅客施設，官公庁施設，福祉施設その他の高齢者，障害者等が生活上利用する施設の所在する一定の地区を重点整備地区として指定
・重点整備地区内の施設や経路の移動等の円滑化に関する基本的事項を記載　等
協議
協議会
市町村，特定事業を実施すべき者，施設を利用する高齢者，障害者等により構成される協議会を設置
事業の実施
・公共交通事業者，道路管理者，路外駐車場管理者，公園管理者，特定建築物の所有者，公安委員会が，基本構想に沿って事業計画を作成し，事業を実施する義務（特定事業）
・基本構想に定められた特定事業以外の事業を実施する努力義務
支援措置
・公共交通事業者が作成する計画の認定制度
・認定を受けた事業に対し，地方公共団体が助成を行う場合の地方債の特例　等
移動等円滑化経路協定
重点整備地区内の土地の所有者等が締結する移動等の円滑化のための経路の整備または管理に関する協定の認可制度

図 6.14　交通バリアフリー法の基本的枠組み[10)]

で 220 の基本構想が策定されている。

6.6　道路交通と事故

6.6.1　交通事故の動向

道路交通事故は，車社会の急速な進展に対して道路整備，信号機，道路標識等の交通安全施設の不足や車両安全性確保の技術の未発達，交通社会の変化に対する人々の意識など，社会の体制が十分に整っていなかったことに起因する。国は，1970 年交通安全対策法を制定し，長期的な施策として 1971 年から交通安全基本計画を策定，現在 8 次計画が実施されている。道路交通事故の発生件数，死傷者ともに**図 3.4** で見たように 1970 年をピークに減少してきていた。死者数は，6 000 人台まで減少してきているものの事故件数と死傷者数は，1980 年代から再び増加を続け，1970 年の数値を超えて増加している。

年齢別では，65 歳以上の高齢者が死者数の 40 %以上を占め，近年 16〜24 歳までの若者の減少傾向とその差が際立っている。状態別交通事故死者数は，「歩行中」が約 30 %，「同乗も含めた自動車運転中」が約 40 %となっており，両者で全体の 7 割以上を占めている。過去 10 年では，特に「自動二輪車乗車中」および「自動車乗車中」の減少が顕著である。「歩行中」の割合は，欧米諸国と比較して高い割合となっており，特に高齢者では約 5 割，15 歳以下の子供では約 4 割を占めている。

道路形状による死亡事故発生件数は，交差点部が約 45 %を占め，単路部では，カーブが約 16 %と大きな割合を占めている(**図 6.15** 参照)。そのため，これらの部分の改良が，事故の減少に関連していると考えられる。

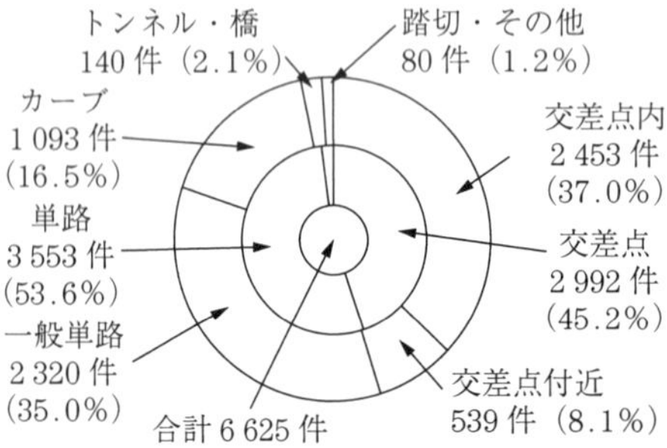

〔注〕（　）内は，発生件数の構成率である。

図 6.15　道路形状別死亡事故発生件数[11]

6.6.2 交通安全施策

わが国では，既述のように歩行者の交通事故死者数に占める割合が高く，特に高齢者や子供にとって身近な道路の安全性を高めることが求められている。そのため今後は，これまで一定の成果を上げてきたとされる車中心の対策に加え，少子高齢化等の社会情勢の変化に対応し，子供や高齢者が安心して外出できる交通社会の形成を図る観点から，通学路，生活道路，市街地の幹線道路等に歩道を積極的に整備するなど，安全・安心な歩行空間が確保された人優先の道路交通環境整備を行っていく必要がある。

2003年に閣議決定された社会資本整備重点計画では，交通安全施設の整備等により達成すべき目標が定められており，都道府県公安委員会と道路管理者の連携により以下のような施策を実施することとなっている。

① 歩行者等の安全通行の確保
- 安心歩行エリアの整備
- 歩行空間のバリアフリー化の推進
- 安全・快適な歩行者通行および自転車利用環境の整備

② 幹線道路等における交通の安全と円滑の確保
- 事故危険箇所対策の推進
- ハードウェア・ソフトウェア一体となった駐車対策の推進

③ IT化の推進による安全で快適な道路交通環境の実現
- 信号機の高度化等
- 高度道路交通システム（ITS）の推進

6.6.3 交通安全施設の整備

道路等における交通安全施設の整備は，施策を実行していく上で必要なことである。一つ目は，歩行空間の整備，例えば通学路，生活道路，市街地の幹線道路等においては，歩道を積極的に整備するなど「人」の視点に立った交通安全施設の整備が必要とされる。二つ目は，道路ネットワークの整備と機能分担，道路の安全を図るには，適切に機能分担された道路網整備，改築による道路交通環境整備，高規格幹線道路等の利用促進等の適切な分担を図ることが重要である。三つ目はこれらに関連した，安全施設等の整備推進である。四つ目は，施設の運用を行っていく上での特性に応じた効果的な交通規制の推進等である。

具体的な施設整備の事例としては以下のようなものが挙げられ，都道府県公安委員会や道路管理者により整備が進められている。

① **交通管制センター**

② 信号機

③ 交通情報提供装置および道路情報提供装置（**新交通管理システム**（UTMS）や**道路交通情報通信システム**（VICS）に基づく装置）

④ 道路標識および道路標示

⑤ 歩道，自転車歩行者道

⑥ 立体横断施設（横断歩道橋や地下横断歩道）

⑦ 道路照明

⑧ 防護柵

演　習　問　題

【1】 自分たちの住む町で自動車排出ガス測定局がどこにあるか調べ，汚染物質の推移を整理せよ。

【2】 等価騒音レベルについて説明せよ。

【3】 環境に優しい道路づくりの事例を調べよ。

【4】 渋滞対策についてハードウェア面とソフトウェア面から説明せよ。

【5】 自分たちの住む町で交通バリアフリーの事例を調べよ。

7

道路の幾何構造と舗装

道路はわが国の経済活動を支える重要な運輸施設である。人や車を安全，かつ快適に通行させる機能，すなわち交通機能が道路の重要な使命である。さらに，都市の骨格形成，防災や環境保全など道路空間自体が持つ機能，すなわち空間機能がある。これらの機能を満足させるためにはどのような道路構造がふさわしいのであろうか。本章では，これらの道路の基本的な構造について，道路に要求される機能との関連から説明する。

7.1 道路構造

道路の平面形状および縦・横断形状を総称して**幾何構造**（geometric design）という。また，道路の表面には**舗装**（pavement）が施されている。道路の幾何構造や舗装構造は，安全かつ円滑な交通を確保することができるように設計されなければならない。日本の道路構造の技術基準は，道路構造令に定められている[1)]。本章では，道路構造令に基づいて，道路の構造の基本や設計の考え方について述べる。

7.1.1 道路の機能

道路構造は，道路利用者が要求する機能を確保するように設計されなければならない。道路の機能には，交通機能と空間機能がある。

交通機能は道路の最も重要な機能であり，自動車，自転車および歩行者が安全，円滑，快適に通行できる通行機能，沿道施設に出入りすることができるアクセス機能および自動車が駐停車したり歩行者がとどまることのできる滞留機能がある。

空間機能は，都市の骨格形成や沿道立地の促進などの市街地形成，延焼防止や避難場所などの防災空間，緑化や景観形成，沿道環境保全のための環境空間の確保，交通施設やライフラインなどの収容空間としての機能がある。

7.1.2 道路の区分

〔**1**〕 **道路の種別**　道路構造令によれば，地域，地形および計画交通量によって，第1種から第4種に分類されている。すなわち，高速道路を含んだ自動車専用道路は地方部の1種と都市部の2種に，それ以外の一般道路については地方部の3種と都市部の4種に分類される。**表 7.1** に示されるように，各種別の中で道路の地形，計画交通量によって細かく級別に分類されている。

表 7.1　道路の種級区分[1)]

<table>
<tr><th rowspan="2"></th><th rowspan="2">地域</th><th rowspan="2">種別</th><th rowspan="2">級別</th><th rowspan="2" colspan="2">設計速度〔km/h〕</th><th rowspan="2">出入制限</th><th colspan="4">設計交通量〔台/日〕</th><th rowspan="2">摘要</th></tr>
<tr><th>30 000以上</th><th>30 000～20 000</th><th>20 000～10 000</th><th>10 000未満</th></tr>
<tr><td rowspan="11">高速自動車国道および自動車専用道路</td><td rowspan="7">地方部</td><td rowspan="7">第1種</td><td>第1級</td><td>120</td><td>100</td><td>F</td><td>高・平</td><td></td><td></td><td></td><td></td></tr>
<tr><td rowspan="2">第2級</td><td rowspan="2">100</td><td rowspan="2">80</td><td rowspan="2">F, P</td><td>高・山</td><td colspan="2">高・平</td><td></td><td></td></tr>
<tr><td colspan="2">専・平</td><td></td><td></td><td></td></tr>
<tr><td rowspan="2">第3級</td><td rowspan="2">80</td><td rowspan="2">60</td><td rowspan="2">F, P</td><td></td><td colspan="2">高・山</td><td>高・平</td><td></td></tr>
<tr><td colspan="2">専・山</td><td colspan="2">専・平</td><td></td></tr>
<tr><td rowspan="2">第4級</td><td rowspan="2">60</td><td rowspan="2">50</td><td rowspan="2">F, P</td><td></td><td></td><td></td><td>高・山</td><td rowspan="2">高速の設計速度は60のみ</td></tr>
<tr><td></td><td></td><td colspan="2">専・山</td></tr>
<tr><td rowspan="2">都市部</td><td rowspan="2">第2種</td><td>第1級</td><td>80</td><td>60</td><td>F</td><td colspan="4">高，専・都以外</td><td></td></tr>
<tr><td>第2級</td><td>60</td><td>50
40</td><td>F</td><td colspan="4">専・都</td><td></td></tr>
</table>

<table>
<tr><th rowspan="2"></th><th rowspan="2">地域</th><th rowspan="2">種別</th><th rowspan="2">級別</th><th rowspan="2" colspan="2">設計速度〔km/h〕</th><th rowspan="2">出入制限</th><th colspan="6">設計交通量〔台/日〕</th><th rowspan="2">摘要</th></tr>
<tr><th>20 000以上</th><th>20 000～10 000</th><th>10 000～4 000</th><th>4 000～1 500</th><th>1 500～500</th><th>500未満</th></tr>
<tr><td rowspan="3">その他の道路</td><td rowspan="3">地方部</td><td rowspan="3">第3種</td><td>第1級</td><td>80</td><td>60</td><td>P, N</td><td>国・平</td><td></td><td></td><td></td><td></td><td></td><td></td></tr>
<tr><td rowspan="2">第2級</td><td rowspan="2">60</td><td rowspan="2">50
40</td><td rowspan="2">P, N</td><td>国・山</td><td colspan="2">国・平</td><td></td><td></td><td></td><td></td></tr>
<tr><td colspan="3">県，市・平</td><td></td><td></td><td></td><td></td></tr>
</table>

表 7.1 （つづき）

	地域	種別	級別	設計速度〔km/h〕		出入制限	設計交通量〔台/日〕20 000以上	20 000～10 000	10 000～4 000	4 000～1 500	1 500～500	500未満	摘要
その他の道路	地方部	第3種	第3級	60 50 40	30	N		国・山		国，県・平			
							県，市・山			市・平			
			第4級	50 40 30	20	N				国，県・山			
										市・山	市・平，山		
			第5級	40 30 20		N						市・平，山	小型道路を除く
	都市部	第4種	第1級	60	50 40	P, N	国						
							県，市						
			第2級	60 50 40	30	N				国			
									県，市				
			第3級	50 40 30	20	N				県			
										市			
			第4級	40 30 20	—	N						市	小型道路を除く

〔注〕 1. 表中の用語の意味は，以下のとおりである。
高：高速自動車国道　専：高速自動車国道以外の自動車専用道路
国：一般国道　県：都道府県道　市：市町村道
平：平地部　山：山地部　都：大都市の都心部
F：完全出入制限　P：部分出入制限　N：出入制限なし
2. 設計速度の右欄の値は，地形その他の状況によりやむを得ない場合に適用する。
3. 表中の出入制限は普通道路を示したものであり，小型道路は完全出入制限を原則とする。
4. 地形その他の状況によりやむを得ない場合には，級別は1級下の級を適用することができる。

〔2〕 普通道路と小型道路　道路は各級区分の道路について，設計の柔軟性を確保するために，普通道路と小型道路に区分している。

普通道路とは，小型自動車，普通自動車，セミトレーラー連結車が通行できるような一般的な道路である。一方，**小型道路**とは，小型自動車のみが通行することのできる規格の小さい道路であり，沿道への出入りができない。**乗用車専用道路**ともいう。

小型道路は，① 用地が確保できないなど普通道路の整備が困難な場合，② 自動車が沿道へアクセスする機能が不必要な場合，および ③ 近くに大型の自動車が迂回することができる場合に適用できる。

7.1.3 設計速度と設計区間

設計速度（design speed）は道路の設計の基礎となる自動車の速度である。天候が良好でかつ交通密度が低く，自動車の走行条件が道路の構造のみに支配されている場合に，平均的な運転技量者が，安全にかつ快適に走行できる速度とされている。その値は道路の種級区分ごとに，**表 *7.1*** のように定められている。

設計区間（road section designed by same standard）とは，道路のある地域および地形の状況，ならびに計画交通量に応じ，同一の設計基準を用いるべき区間である。設計区間では同一の道路区分を適用する。

設計区間を短い間隔で変更することは，運転者を混乱させ安全上から好ましくない。標準的な設計区間の長さは道路区分ごとに 10〜30 km の範囲とされているが，やむを得ない場合には 2 km まで短くできる。都市内の一般道路ではおもな交差点間隔とされている。種別の異なる設計区間を接続する場合は，接続点での相互の設計速度の差を 10 km/h から 20 km/h の範囲にするとともに，横断構成なども滑らかに変化するように配慮する。

7.1.4 設　計　車　両

道路の設計においては，道路の直接の利用者である自動車，原動機付き自転車，自転車および歩行者を対象とする。それらの大きさや重さなどの特性は，道路の幾何構造に大きく影響する。

道路構造令においては，自動車制限令などに基づいた道路の設計の基礎とする自動車を**設計車両**（design vehicle）といい，その諸元を**図 *7.1*** のように定めている。普通道路では，小型自動車，普通自動車およびセミトレーラー連結

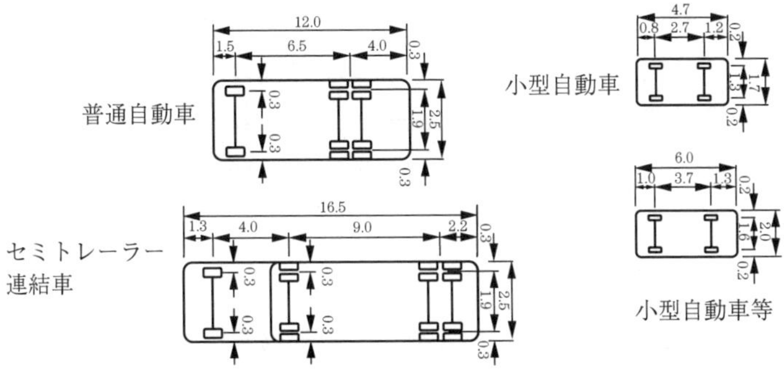

図 7.1　設計車両の形状の諸元[1]（単位：m）

車の三つに区分されており，それらの自動車総重量は 245 kN 以下，軸重は 98 kN 以下に規定されている。小型道路では，小型自動車等の諸元が設計に用いられる。大部分の小型貨物と救急車の総重量が 30 kN 未満であることから，30 kN 以下に規定されている。

7.2 横断面の構成

道路の横断面を構成する要素は，車線から構成される車道（停車帯を含む），路肩（側帯を含む），中央帯，歩道または自転車歩行者道，自転車道，植樹帯，副道などである。**図 7.2** に示すように，それぞれの要素を組み合わせて道路種別ごとの横断面が構成される。横断面の構成は，通行機能を確保するために道路の種類や交通量などを考慮して，それぞれの構成要素の幅を決定する。また，防災空間やライフラインの収容空間，さらには環境空間などを考慮した総幅員を検討する。

7.2.1 構 成 要 素

〔*1*〕 **車道と車線**　自動車の通行に用いられる**車道**（roadway）は**車線**（traffic lane）より構成される。本線としての車線のほかに，特別の目的を持った登坂車線，屈折車線，変速車線などの付加車線がある。車線数は，道路区

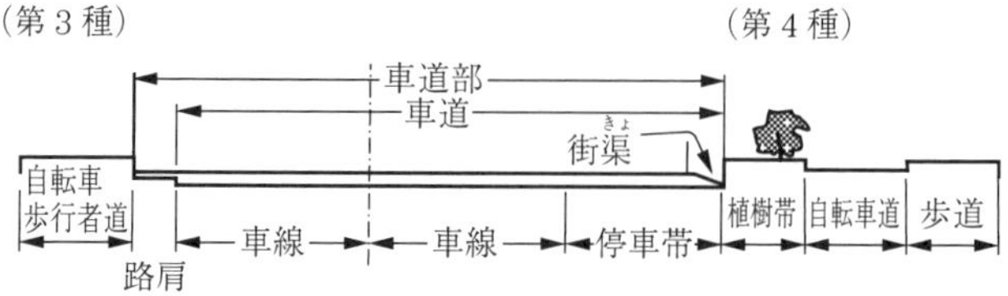

（a）　2 車線の場合

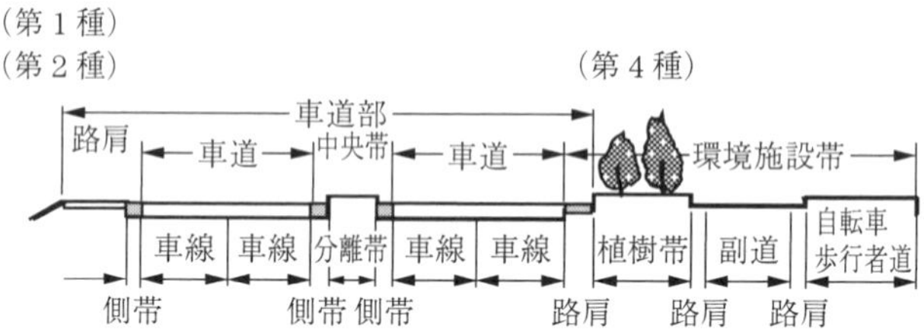

（b）　4 車線の場合

図 7.2　横断構成要素と組合せの例[1)]

分および計画交通量によって決定され，2 車線以上の偶数を原則とする。ただし，一つの車線を両方向の交通が待避所ですれ違う第 3 種第 5 級と第 4 種第 4 級の場合には，車道はあるが車線はない。

車線の幅員は自動車の幅に余裕幅を加えたもので，設計速度が大きいほど広

表 7.2　普通道路の車線幅員[1)]

道路の区分		車線の幅員〔m〕	
		普通道路	小型道路
第 1 種	1 級，2 級	3.50（3.75*）	
	3 級	3.50	3.25（3.00*）
	4 級	3.25	3.00
第 2 種	1 級	3.50（3.25*）	3.25
	2 級	3.25	3.00
第 3 種	1 級	3.50	3.00
	2 級	3.25（3.50*）	2.75
	3 級	3.00	2.75
	4 級	2.75	
第 4 種	1 級	3.25（3.50*）	2.75
	2 級，3 級	3.00	2.75

〔注〕＊　交通，地形の状況による特別な値。

くしている。しかし極端に広い幅員を用いると，交通流が乱れるため好ましくない。そこで車線幅員は**表 7.2** に示すように定められている。

〔*2*〕 **中央帯と路肩**　**中央帯**（center strip）は，往復の交通流を分離して対向車との接触事故を防止し，余裕幅を設けて円滑な交通を確保する施設である。中央帯は，**図 7.3** に示すように**分離帯**（separator）と**側帯**（marginal strip）から構成されている。側帯は，中央帯または路肩の一部であり，車道の外側線を構成して運転者の視線を誘導する。中央帯の幅員は道路の区分に応じて，1 m から 4.5 m の範囲である。

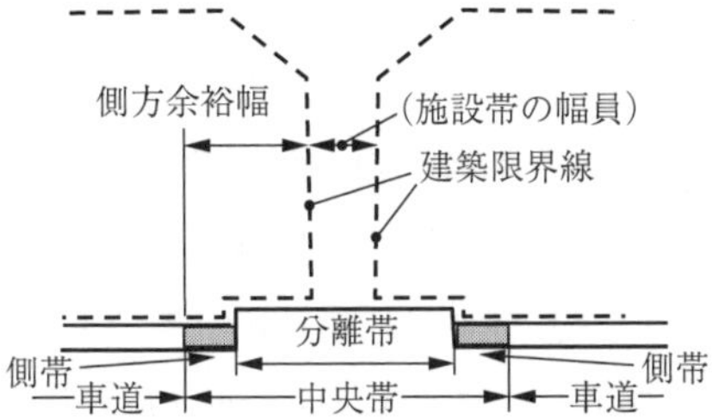

図 7.3　中　央　帯[1)]

路肩（shoulder）は，**図 7.4** に示すように車道や歩道に接続して設けられ，道路の主要構造物を保護するとともに，故障車の非常駐車，走行自動車の側方余裕の空間機能を持っている。積雪寒冷地では堆（たい）雪幅を確保するために，路肩や中央帯の幅員に十分な余裕をとる必要がある。

〔*3*〕 **停　車　帯**　**停車帯**（parking lane）は，第 4 種の都市内道路で人

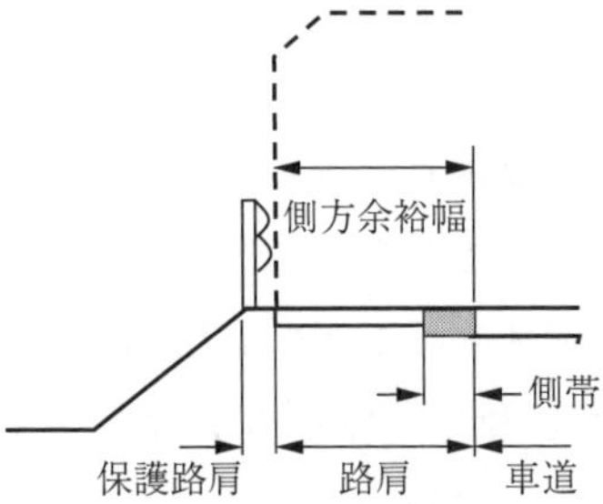

図 7.4　路肩と側帯[1)]

の乗降，荷物の積降ろしなどが多く，自動車の安全かつ円滑な走行が妨げられる場合に車道の左側に設けられる。停車帯の幅員は，2.5 m を標準として，大型車混入率が低い場合には 1.5 m まで縮小できる。

〔*4*〕 **歩道，自転車道**　自動車，自転車および歩行者が同一路面を利用すると，安全が損なわれると同時に円滑な交通の流れを阻害する。したがって，自動車交通から自転車と歩行者を分離することが望ましい。

歩道（side walk）は歩行空間としての役割だけでなく，都市部の道路では都市空間の形成，ライフラインの収容空間としての役割もある。歩道の設置は歩行者数のみで決めるのではなく，自動車交通量が非常に多い箇所，児童の通学通園となる箇所，局部的に歩行者の多い箇所でも歩道設置が必要である。その幅員は，荷物を持った人や車椅子の占有幅を 1.0 m とし，それらのすれ違いが可能なように，道路の区分に応じて 2.0 m 以上としている。

自転車道（bicycle track）等には，道路の一部として車道と分離して設けられる自転車道・自転車歩行者道のほかに，独立して設けられる自転車専用道路・自転車歩行者専用道路がある。前者はおもに通勤通学，買い物などの日常生活に利用され，後者は公園，観光地，スポーツ施設と一体となったレクリエーションに利用される交通を対象としている。その幅員は，自転車の占有幅を 1 m とし，すれ違いが可能なように 2.0 m 以上としている。

〔*5*〕 **環境施設帯**　**環境施設帯**（buffer zone）は，おもに住宅専用地域を通過する幹線道路からの騒音，排気ガス，振動などの交通公害に対して，生活環境を保全するために設けられる道路の部分である。図 ***7.2*** に示すように植樹帯，路肩，歩道，副道などで構成される。

〔*6*〕 **建 築 限 界**　**建築限界**（clearance limit）とは，道路上で自動車や歩行者の交通の安全を確保するための，ある一定の幅，ある一定の高さの空間である。この範囲内には障害となるような物を置くことは禁止されている。

路肩を有する一般車道の建築限界を図 ***7.5*** に示す。ここで，高さ H は，設計自動車の高さ 3.8 m に余裕を与えて 4.5 m としている。a および b は，橋のハンチなどの切欠き部分で，最大 1 m とし，H より 3.8 m 引いた値とす

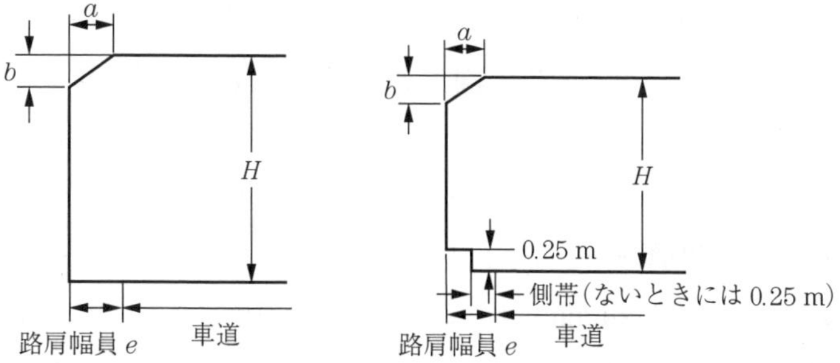

（a） 一般の場合（トンネルまたは長さ 50 m 以上の橋または高架道路以外）

（b） トンネルまたは長さ 50 m 以上の橋または高架道路以外

図 7.5 車道の建築限界[1)]

る。トンネルや長さが 50 m 以上の橋や高架道路では，図に示すように，路肩幅員 e（$=a$）から必要な値を減じることができる。

7.2.2 横 断 勾 配

直線区間において路面の**横断勾配**（cross slope）は，**図 7.6** に示すように路面の水を側溝または街渠に導いて速やかに除去するために必要である。横断勾配の標準値は，路面の種類に応じて，アスファルト舗装やコンクリート舗装では 1.5〜2.0 %，その他の砂利道では 3.0〜5.0 % である。

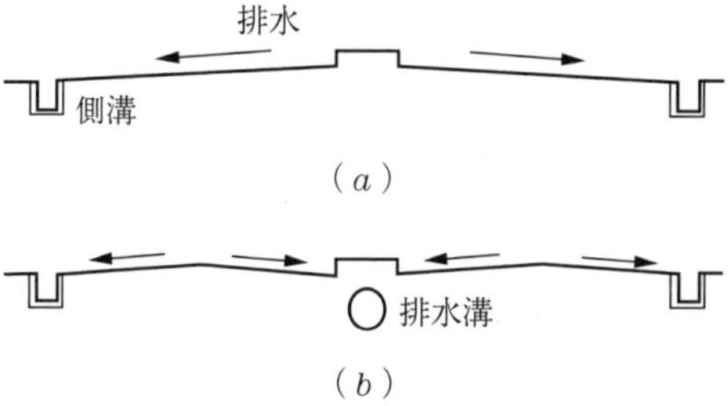

図 7.6 横断勾配[1)]

7.3　線　形　構　造

道路の中心線が立体的に描く形状を**道路の線形**（road alignment）という。水平面への投影が**平面線形**（horizontal alignment）であり，鉛直面への投影が**縦断線形**（vertical alignment）である。平面線形は直線，円，緩和曲線によって構成され，縦断曲線は直線および縦断曲線などによって構成されている。道路線形を構成しているこれらの要素を**線形要素**という。

道路の線形は，地形および地域の土地利用と調和し，かつ滑らかな線形となるように，平面および縦断線形を決定する。その際，自動車が安全で快適な走行ができるよう，走行力学上の条件を考慮するとともに，運転者の視覚や判断時間などの人間工学的な条件も考慮することが重要である。このような条件を満足させながら，経済性，施工や維持管理などを検討した上で最適な線形を決定しなければならない。

7.3.1　平　面　線　形

〔*1*〕　**線形要素と曲線の種類**　　平面線形では，自動車が道路の曲線部を安全で快適に走行できるように，直線と円曲線の間に**緩和曲線**（transition curve）を挿入する。緩和曲線には，通常クロソイド曲線が用いられる。**図 7.7**（*a*）に示すように，円曲線と直線を直接つなぐのではなく，図（*b*）のように円曲線と直線との間にクロソイド曲線を挿入する。

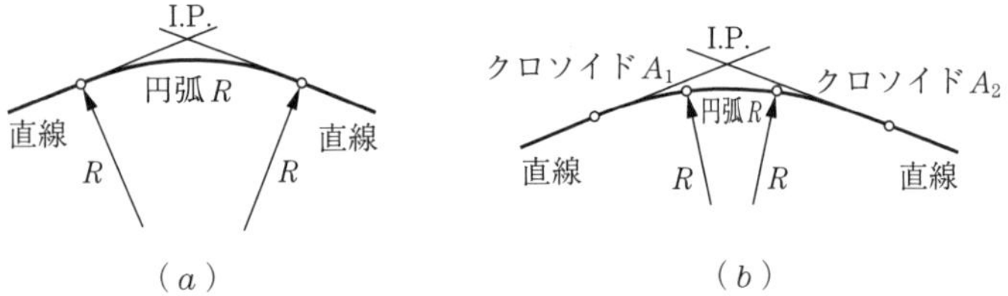

（*a*）　　（*b*）

図 7.7　平面線形の基本的な曲線[2)]

〔2〕 円 曲 線

1）曲線半径　曲線部を走行する際に，自動車が遠心力によって曲線部の外側に横滑りすることがある。この限界は，自動車の走行速度，曲線半径，片勾配および路面とタイヤの横滑り摩擦係数によって決まる。

曲線部を走行する自動車に作用する遠心力は，式（7.1）で表される。

$$Z=\frac{G}{g}\cdot\frac{v^2}{R} \tag{7.1}$$

ここに，Z：遠心力〔N〕，v：自動車速度〔m/s〕，g：重力加速度（9.8 m/s^2），G：自動車の総重量〔N〕，R：平面曲線半径〔m〕である。

図 7.8 において，片勾配の曲線部を走行する自動車が横滑りを起こさない条件は，式（7.2）を満たせばよい。

$$Z\cos\alpha-G\sin\alpha \leqq f(Z\sin\alpha+G\cos\alpha) \tag{7.2}$$

ここに，f：横すべりに対する路面とタイヤの摩擦係数である。両辺を $\cos\alpha$ で除し，片勾配 $\tan\alpha=i$ を代入すれば，式（7.3）となる。

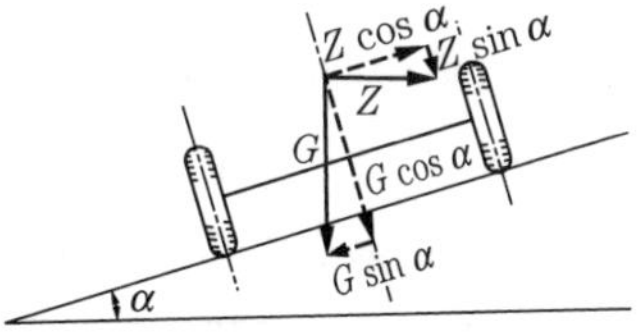

図 7.8　曲線部走行時の力学[1)]

$$R\geqq\frac{v^2}{g}\frac{(1+f\cdot i)}{f+i} \tag{7.3}$$

設計速度を V〔km/h〕で表し，$f\cdot i$ は1に比べて非常に小さい値になるので省略すると，曲線半径を与える式（7.4）が求まる。

$$R\geqq\frac{V^2}{127(i+f)} \tag{7.4}$$

式（7.4）より，道路の曲線部を走行する際の安全性や快適性には，$(i+f)$ の値が非常に重要であることがわかる。

2）横すべり摩擦係数　横すべり摩擦係数 f の値は，路面の種類，乾湿およびタイヤの状態で異なり，アスファルト舗装路面では 0.4〜0.8，コンクリート舗装路面では 0.4〜0.6，圧雪路面では 0.2，氷結路面では 0.1 前後である。米国州政府道路交通運輸担当官協会（American Association of State

Highway and Transportation Officials，略して AASHTO）の道路試験によると，f は 0.10～0.15 が適切とされている。

3） **最大片勾配**　曲線区間の車道では自動車に作用する遠心力の影響を小さくするために，道路の外側から内側に向かって傾斜をつけるが，これを**片勾配**（super elevation）という。最大片勾配は通常 10％を限界として，地域の積雪寒冷の度合いに応じて 8％や 6％と定められている。

平面曲線半径が大きい場合には，片勾配をつけずに直線部の横断面と同じ片勾配とする。このため，中央線より外側の車線は逆の片勾配となるが，交通安全上は問題なく，これを**逆片勾配**という。また，第 4 種の道路では，平面交差における信号による停車が多いこと，沿道利用で不都合が多いことなどの理由で，やむを得ない場合には片勾配をつけなくてもよい。

4） **最小曲線半径**　式（*7.4*）において，横滑り摩擦係数の限界値 $f=0.10$～0.15 とし，各地域の気象条件による最大片勾配を 6％，8％，10％とした場合の最小曲線半径が計算より求まる。

【例題 *7.1*】　設計速度 $V=100$〔km/h〕に対して横すべり係数 $f=0.11$ としたとき，片勾配 6％，8％，10％に対する最小曲線半径を求めよ。

【解答】　式（*7.4*）より，片勾配 6％，8％，10％に対する最小曲線半径は，それぞれ，463 m，414 m，375 m となる。

5） **平面曲線長**　自動車が曲線長の短い曲線部を走行すると，急なハンドル操作が必要となり危険である。また交角が小さい場合には，運転者からは曲線長が実際の長さより短く見え，ハンドル操作を誤るおそれもある。曲線部における滑らかなハンドル操作には 6 秒の通過時間が必要であり，これに相当する曲線長が必要である。道路構造令においては，各設計速度に対して 6 秒間の走行距離を最小曲線長としている。

6） **曲線部の拡幅**　自動車が曲線部を走行する場合，後輪は前輪よりも内側を走行する，いわゆる内輪差を生じ，後輪が隣の車線に侵入したり，路肩を逸脱するおそれがある。したがって，道路区分，曲線半径に応じて 1 車線当

り所定の拡幅をする必要がある。道路構造令においては，第1種，第2種，第3種第1級および第4種第1級道路に対してはセミトレーラーを対象とし，その他の道路は普通自動車を対象として，曲線半径に対する車線ごとの拡幅量を算定している。

〔3〕 緩和区間およびクロソイド曲線

***1*）緩 和 区 間**　道路の線形が直線部から円曲線部に接続する区間では，**緩和区間**（transition section）が設けられる。緩和区間では，片勾配や拡幅の幾何構造の変化に対しても滑らかなすりつけが行われる。緩和区間内の線形としては，**クロソイド**（clothoid），**レムニスケート**（lemniscate），3次放物線などがあるが，道路ではクロソイド曲線が広く利用されている。

***2*）クロソイド曲線**　クロソイド曲線は，「自動車が一定速度で走行しながらハンドルを等角速度で回転したときの走行軌跡」に近似され，曲率が曲線長に対して比例して増大する曲線である。曲線半径を R〔m〕，曲線長を L〔m〕とすると，$1/R=C \cdot L$ の関係が成立する。C は定数で，次元をそろえるために $1/C=A^2$ とおくと，式（*7.5*）のクロソイド曲線の基本式が求められる。

$$R \cdot L=A^2 \tag{7.5}$$

A はクロソイド曲線の大きさを決定するクロソイドパラメーター〔m〕で，経験的に $R/3 \leqq A \leqq R$ なる範囲にあれば視覚的にも調和がとれているとして推奨されている。クロソイド曲線は相似形なので，**図 *7.9*** に示した各クロソイド要素（R，L，A，X_M，Y_M，Y，T_K，τ，σ，ΔR）のうち，二つの要素が与えられれば（ただし，少なくとも一つは長さの次元を持つ要素であること），クロソイド曲線が決定される。

***3*）移 程 量**　直線部から円曲線部に移行する区間にクロソイド曲線を挿入する場合，円曲線が内側にずれるために直線の延長線とそれに平行な円曲線の接線との差 ΔR〔m〕が発生するが，

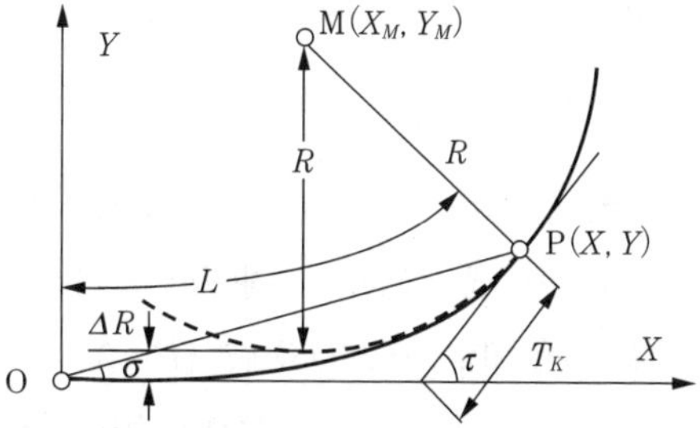

図 *7.9* クロソイド曲線

これを**移程量**（shift）という。移程量は式（7.6）で示される。

$$\Delta R=\frac{L^2}{24R} \tag{7.6}$$

式（7.6）からわかるように，曲線半径 R が大きくなれば ΔR は小さくなり車線幅員の余裕幅に含まれるので，移程量が 0.2 m 以下では緩和曲線を省略できる。

4）最小緩和曲線長　緩和区間長が短すぎると，曲率，片勾配と拡幅のすりつけ，および遠心加速度の変化率が急になり，乗り心地を低下させるとともにハンドル操作に無理が生ずるので好ましくない。

走行速度 v〔km/h〕，緩和区間の長さ L〔m〕および円曲線の半径を R〔m〕とすれば，円曲線部における遠心加速度は v^2/R〔m/s²〕であり，緩和区間の走行時間が L/v〔s〕なので，遠心加速度の変化率 P は式（7.7）となる。

$$P=\frac{v^2/R}{L/v}=\frac{v^3}{LR}\quad〔\mathrm{m/s^3}〕 \tag{7.7}$$

さらに，通常の曲線部では片勾配がつけられ，これによって遠心力の一部は打ち消されるので，この効果を考慮すると式（7.8）となる。

$$P=\frac{v^3}{LR}-\frac{vg}{L}(i-i_0)\quad〔\mathrm{m/s^3}〕 \tag{7.8}$$

ここに，i，i_0：それぞれ緩和区間の終点および始点の片勾配，g：重力加速度である。式（7.7）と式（7.8）はそれぞれ**ショーツ式**および**ショーツの補正式**と呼ばれている。

一方，緩和曲線上を走行中のハンドル操作に無理のない走行時間としては 3 秒から 5 秒とされている。このとき，走行する距離は式（7.9）で計算できる。

$$L=vt=\frac{V}{3.6}t \tag{7.9}$$

道路構造令では，走行時間を 3 秒とし，各設計速度 V〔km/h〕に対する緩和区間長を式（7.9）で求め，式（7.7）あるいは式（7.8）によって遠心加速度の変化率 P が基準値（$P=0.5$）を満足しているかどうかを確かめることによって，最小緩和区間長を規定している。

【例題 7.2】 設計速度 100 km/h，曲線半径 1 000 m としたとき，式（7.7）および式（7.9）より必要緩和区間長を求めよ。

【解答】 式（7.7）を L について解けば式（7.10）となる。

$$L=\frac{v^3}{RP}=\frac{(V/3.6)^3}{RP} \tag{7.10}$$

式（7.10）に $V=100$〔km/h〕，$R=1\,000$〔m〕，$P=0.5$〔m/s^3〕を代入すると，$L=32.9$〔m〕となる。一方，式（7.9）に $V=100$〔km/h〕，$t=3$〔s〕を代入すると，$L=83.3$〔m〕となる。道路構造令では 85〔m〕と，計算された値よりやや大きく規定されている。

5）片勾配のすりつけ　曲線部の片勾配は緩和区間ですりつけられ，**図 7.10** に示すように，車道の中心を回転軸として円曲線始点で必要な片勾配を持たせるために行われる。片勾配のすりつけに対しては，車道の外側線の上昇割合と，車道面の進行方向を軸とする回転角速度を一定限度におさえて，人への不快感を緩和する必要がある。

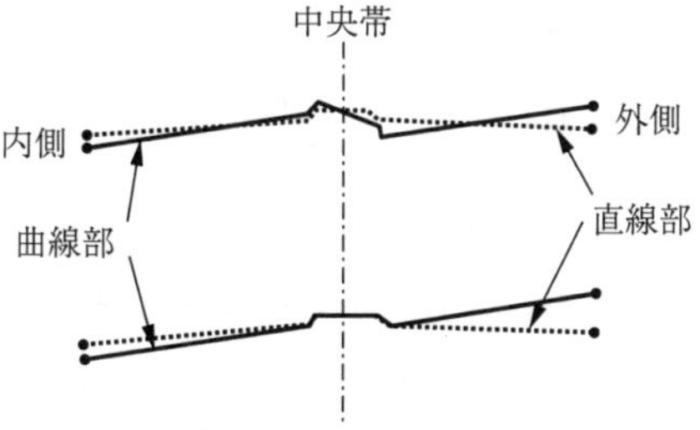

図 7.10 曲線部における片勾配

7.3.2 視　　　　距

視距（sight distance）とは，**図 7.11** に示すように，運転者（図中の A）

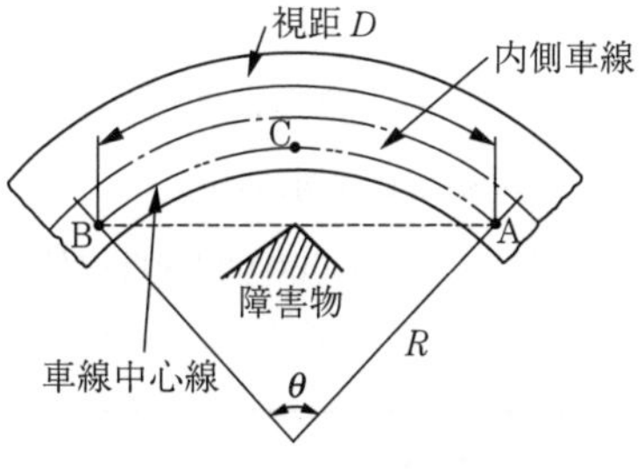

図 7.11 視距の確保[1)]

が走行中に前方の対象物（図中のB）を見通すことのできる距離（図中のABC）である。道路の幾何構造の設計においては，設計速度や路面状態に応じて十分な視距を確保しなければならない。視距には**制動停止視距**（stopping sight distance）と**追越し視距**（passing sight distance）がある。

〔*1*〕 **制動停止視距**　制動停止視距は，運転手が道路上の物体を認めてから停止するまでに必要な距離で，車線中心線上1.2 mの高さから，その車線中心線上にある高さ0.1 mの物体の頂点を見通すことのできる距離を，車線の中心線に沿って測った距離である。

停止視距 D〔m〕は，速度を V〔km/h〕，タイヤと路面とのすべり摩擦係数を f，知覚反応時間（人間が物体を発見して制動をかけるまでの時間）を t〔s〕とすると，式（*7.11*）で表される。

$$D=\frac{V\cdot t}{3.6}+\frac{V^2}{2g\cdot f\cdot 3.6^2} \tag{7.11}$$

AASHTOの道路試験結果では，ブレーキを踏むべきだと判断する判断時間の1.5秒，ブレーキを踏む反動時間の1.0秒の合計2.5秒を知覚反応時間としている。式（*7.11*）に $t=2.5$〔s〕，$g=9.8$〔$\mathrm{m/s^2}$〕を代入すると，式（*7.12*）のようになる。

$$D=0.694\,V+\frac{0.003\,9\,V^2}{f} \tag{7.12}$$

【例題 *7.3*】 すべり摩擦係数を0.11としたときの，設計速度120 km/h，80 km/h，40 km/hにおける停止視距を求めよ。ただし，走行速度は，設計速度120 km/hおよび80 km/hにおいては設計速度の85 %，設計速度40 km/hにおいては設計速度の90 %とする。また，摩擦係数は走行速度 V〔km/h〕により異なるが，式（*7.13*）を用いて求めよ。

$$f=0.593\,8-0.008\,534\,7\cdot V+0.000\,083\,603\cdot V^2-0.000\,000\,286\,19\cdot V^3 \tag{7.13}$$

【解答】 式（*7.12*）より，**表 *7.3*** のようになる。なお，右端列は道路構造令で規定されている値である。

表 *7.3* 停止視距の計算例

設計速度〔km/h〕	走行速度〔km/h〕	摩擦係数	停止視距〔m〕	道路構造令〔m〕
120	102	0.29	212	210
80	68	0.31	106	110
40	36	0.38	38	40

〔*2*〕 **追越し視距** 追越し視距は，追越しを行うために必要な車道中心線上1.2 mの高さから前方車道中心1.2 mの物体頂点を見通すことのできる距離を，車道中心線上に沿って測った距離である。

対向2車線道路で低速車を追い越すためには，対向車線への移行を始めてから追越し完了までの追越し車の走行距離と，対向車の走行距離の合計距離（全追越し距離）のかなり長い距離が必要となる。例えば，対向車が80 km/hで追い越される車が65 km/hの場合，全追越し距離は550 mになる。550 mの視距を前延長にわたって確保するのは不経済な場合が多い。そこで，全延長に対し追越し視距区間を確保できる割合（30 %以上，やむを得ない場合には10 %以上）などを考慮した道路設計法が適用されている。

7.3.3 縦 断 線 形

〔*1*〕 **線形要素の構成** 縦断線形は，縦断勾配一定の直線部と勾配が徐々に変化する縦断曲線部の組合せにより構成される。安全性や大型車の登坂性能を考慮すると緩やかな縦断線形が望ましい。道路建設の経済性の観点からは地形の変化に対応した勾配をつけ，設計速度の低下も許容せざるを得ない場合もある。しかし，そのような場合，大型車の速度低下による交通容量の低減のみならず，積雪寒冷地では自動車の制動・駆動性能を確保するための路面管理費用の増加などを招くことになる。

〔*2*〕 **最大縦断勾配** 直線部において平坦な区間では排水に必要な最小勾配0.3〜0.5 %を確保し，急な勾配区間では大型車の登坂性能を考慮して最大縦断勾配の制限が必要となる。道路構造令では，乗用車はほぼ平均速度で，普通トラックはほぼ設計速度の1/2の速度で登坂できるように最大縦断勾配を**表**

7.4 のように定めている。地形などの理由がある場合には，登り勾配区間の終点で**表 7.4** 中の走行速度を確保できていればよいとして，制限長を設けた上で最大縦断勾配の特例値を定めている。

表 7.4　最大縦断勾配と制限長[1),3)]

設計速度〔km/h〕	一般の場合	特別な場合	
	縦断勾配〔%〕	縦断勾配〔%〕	制限長〔m〕
120	2（4）	3	800
		4	500
		5	400
100	3（4）	4	700
		5	500
		6	400
80	4（7）	5	600
		6	500
		7	400
60	5（8）	6	500
		7	400
		8	300
50	6（9）	7	500
		8	400
		9	300
40	7（10）	8	400
		9	300
		10	200
30	8（11）	11	—
20	9（12）	12	—

〔注〕 一般の場合の（　）内は小型道路の値。

第 1 種，第 2 種および第 3 種の道路では 3 %，第 4 種の道路では 2 %加えた値まで許容され，登坂車線を設置した場合には制限長を超えてもよい。

〔*3*〕 **登 坂 車 線**　大型車混入率の高い勾配区間では，大型車の速度低下によって，交通容量の低下のみならず後続車の無理な追越しによる致命的事故の発生など，安全性やサービス水準の低下を招くおそれがある。この対策として**登坂車線**（climbing lane）を設置し，低速車を本線から分離して円滑な交通流を維持する必要がある。登坂車線を設置する縦断勾配は，一般道路で 5 %以上，高速自動車専用道路および設計速度 100 km/h 以上の道路では 3 %以上となっている。

〔*4*〕 **縦 断 曲 線**　走行する自動車の視距の確保と勾配が急激に変化することによる衝撃緩和のために，縦断勾配が変化する箇所には**縦断曲線**（vertical curve）が挿入される。縦断曲線は放物線によって表され，これには縦断曲線長で示す方法と，放物線に近似する円曲線半径で示す二つの方法がある。両者の関係は式（*7.14*）となる。

$$L_v \fallingdotseq \frac{R}{100}\varDelta \tag{7.14}$$

ここに，L_v：縦断曲線長〔m〕，R：縦断曲線半径〔m〕，$\varDelta$：縦断勾配の代数差 $|i_1-i_2|$〔%〕である。

1） **縦断曲線の表現**　縦断曲線に 2 次放物線が用いられる場合，**図 *7.12*** より式（*7.15*）で表現できる。

$$z = z_0 + I_1 x + \frac{(I_2 - I_1)x^2}{2L_v} \tag{7.15}$$

ここに，z_0：縦断曲線始点における高さ，$I=i/100$ である。

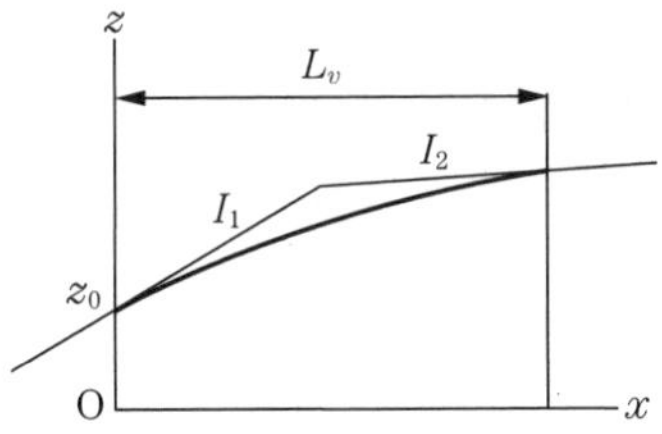

図 *7.12*　2 次放物線による縦断曲線の表現

2） **衝撃緩和に必要な縦断曲線長**　縦断勾配が変化する箇所では運動の変化によって衝撃を受ける。このような衝撃の緩和に必要な縦断曲線長は，走行速度を V〔km/h〕とすると，経験的に式（*7.16*）から求められる。

$$L_v = \frac{V^2|i_1 - i_2|}{360} = \frac{V^2}{360}\varDelta \tag{7.16}$$

ここに，$\varDelta = |i_1 - i_2|$ である。

3）視距を確保するために必要な縦断曲線長

a）凸型縦断曲線　縦断曲線上における運転手の目の高さを h_e（=1.2 m），障害物の高さを h_0（=0.1 m）として，**図 7.13** に示すように2点が曲線上にある（$L_v \geqq D$）とき，制動停止視距 D〔m〕を確保するための縦断曲線長 L_v は式（7.17）で求められる。

$$L_v=\frac{D^2|I_1-I_2|}{2(\sqrt{h_e}+\sqrt{h_0})^2}=\frac{D^2|I_1-I_2|}{3.98}=\frac{D^2}{398}\varDelta \tag{7.17}$$

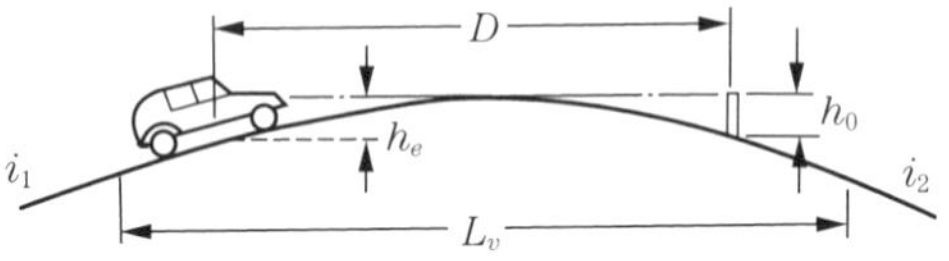

図 7.13　凸型縦断曲線上における視距[2)]

$L_v<D$ のときは，$L_v \geqq D$ のときより L_v が短くなるので，式（7.17）が安全側となる。

b）凹型縦断曲線　凹型縦断曲線の場合には，① ヘッドライトで照らされる見通しと，② **図 7.14** に示される跨（こ）道橋における見通し距離である。①は過大となるので，道路構造令では ② が適用される。凸型縦断曲線の場合と同じ理由で，$L_v \geqq D$ の場合を考えればよく，c：跨道橋下のクリアランス（4.5 m），h_e=1.5 m，h_0=0.75 m として式（7.17）から視距 L_v〔m〕を求めると式（7.18）となる。

$$L_v=\frac{D^2|I_1-I_2|}{2(\sqrt{c-h_e}+\sqrt{c-h_0})^2}=\frac{D^2|I_1-I_2|}{26.92}=\frac{D^2}{2\,692}\varDelta \tag{7.18}$$

式（7.15），（7.16），（7.17）および式（7.18）より，設計速度における衝撃の緩和，視距の確保を考慮した縦断曲線長と縦断曲線半径の関係を求め

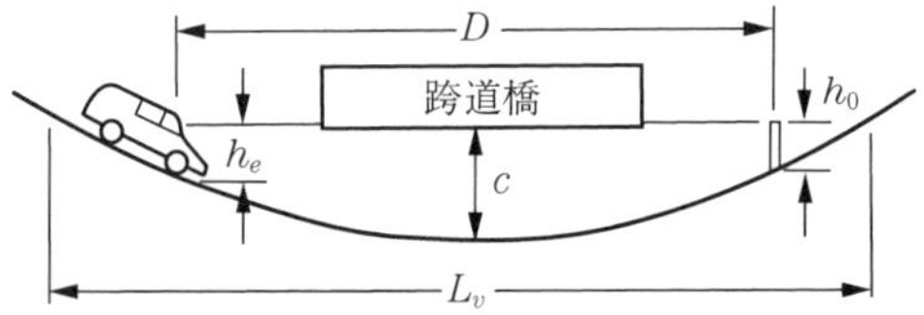

図 7.14　凹型縦断曲線上における視距[2)]

ることができる。ただし，縦断勾配の代数差 $|I_1 - I_2|$ が小さいときには，縦断曲線長は非常に短くなり，道路が縦断的に折れ曲がって見える錯覚を運転手に与えるので，設計速度で3秒間走行する距離を最小縦断曲線長としている。これは前述の**表 7.4** の最小曲線長と同じである。

【例題 7.4】 設計速度 120 km/h，80 km/h および 40 km/h における衝撃の緩和，視距の確保を考慮した凸型縦断曲線長を求めよ。それらより，凸型縦断曲線の曲線半径を求めよ。設計速度に対応する視距は**表 7.4** の値を用いよ。

【解答】 式（7.16）より衝撃の緩和による曲線長，式（7.17）より視距の確保による曲線長を求めると**表 7.5** の第3列および第4列のようになる。両者の長い方が必要な縦断曲線長となる。式（7.14）より曲線半径は

$$R \fallingdotseq \frac{100 L_v}{\varDelta} \tag{7.19}$$

より計算できる。式（7.19）による値が**表 7.5** の第6列の値である。

表 7.5 凸型縦断曲線半径の計算

設計速度〔km/h〕	視距（**表 7.4** 参照）〔m〕	式（7.16）〔m〕	式（7.17）〔m〕	必要曲線長 縦断曲線長〔m〕	曲線半径 式（7.19）〔m〕
120	210	40.0$\varDelta$	110.8$\varDelta$	110$\varDelta$	11 000
80	110	17.8$\varDelta$	30.4$\varDelta$	30$\varDelta$	3 000
40	40	4.4$\varDelta$	4.0$\varDelta$	4.5$\varDelta$	450

【例題 7.5】 例題 7.4 と同じ条件で，凹型縦断曲線の曲線半径を求めよ。

【解答】 例題 7.4 と同様な計算を行う。その結果が**表 7.6** である。

表 7.6 凹型縦断曲線半径の計算

設計速度〔km/h〕	視距（**表 7.4**）〔m〕	式（7.16）〔m〕	式（7.18）〔m〕	必要曲線長 縦断曲線長〔m〕	曲線半径 式（7.19）〔m〕
120	210	40.0$\varDelta$	16.4$\varDelta$	40$\varDelta$	4 000
80	110	17.8$\varDelta$	4.5$\varDelta$	18$\varDelta$	1 800
40	40	4.4$\varDelta$	0.6$\varDelta$	4.5$\varDelta$	450

〔**5**〕 **合 成 勾 配**　道路の勾配区間で平面曲線部がある場合には，片勾配と縦断勾配がついているので，これらの合成された勾配が路面の最大勾配となり，雨水はその方向に流れる。この勾配を**合成勾配**（combined gradient）といい，片勾配を i〔%〕，縦断勾配を j〔%〕とすると，合成勾配 S〔%〕は式（7.20）で表せる。

$$S=\sqrt{i^2+j^2} \tag{7.20}$$

急勾配でしかも急カーブの区間では合成勾配が大きくなり，自動車が傾いたり，横方向に滑ったり，また，積み荷の片寄りが起こり危険である。道路構造令ではこれを避けるために，最大片勾配は設計速度 120～100 km/h で 10.0 %，80～60 km/h で 10.5 %，50 km/h 以下では 11.0 %となっており，積雪寒冷地では 8 %以下に定めている。

合成勾配が最大値を超える場合には，平面線形および縦断線形を再検討して，片勾配または縦断勾配を緩やかにする必要がある。

7.4 交　差　部

道路の**交差部**（intersection，junction）では，連続的で単純な交通流となる単路部に対して，**図 7.15** に示すような交通流の**分流**（diverging），**合流**（merging），**織込み**（weaving），**交差**（crossing）などの不連続で複雑な交通現象が発生する。このような複雑な自動車交通の流れを円滑に処理し，歩行者・自動車交通の安全を確保するために交差部の検討が必要である。交差部は，大別すると平面交差と立体交差に分けられる。

（a） 分流　（b） 合流　（c） 織込み　（d） 交差

図 7.15　交差部における交通流[4)]

7.4.1 平面交差

〔*1*〕 **平面交差の種類**　道路が同一平面で交差する交差部を**平面交差点**(at-grade intersection) といい，**図 *7.16*** に示すようないろいろな種類がある。平面交差点には，道路の枝数による 3 枝交差，4 枝交差などという分類と，交差点の形状による十字交差，ロータリー交差などという分類がある。

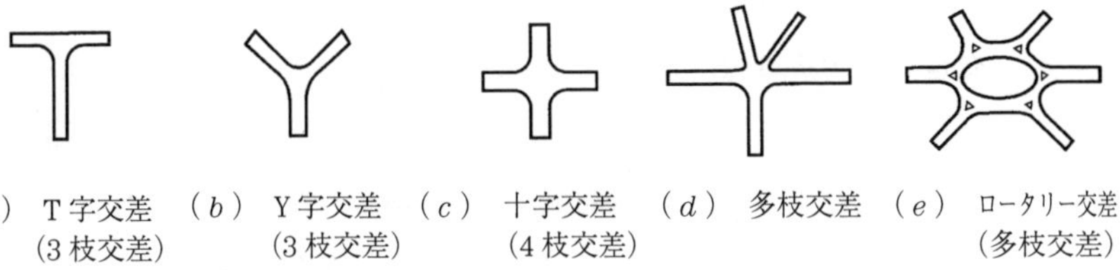

図 *7.16* 平面交差の種類[2)]

〔*2*〕 **交差部の計画・設計の基本原則と改良**　平面交差の計画・設計における基本原則は，① から ⑥ にまとめたとおりである。その中で，既存の交差点のおもな改良方法を**図 *7.17*** (*a*)〜(*c*) に示す。

① 交差の枝数は，駅前広場などの特別の箇所を除き，4 以下とする。

② たがいに交差する交通流は直角か，またはそれに近い角度で交差するようにする〔図(*a*)参照〕。

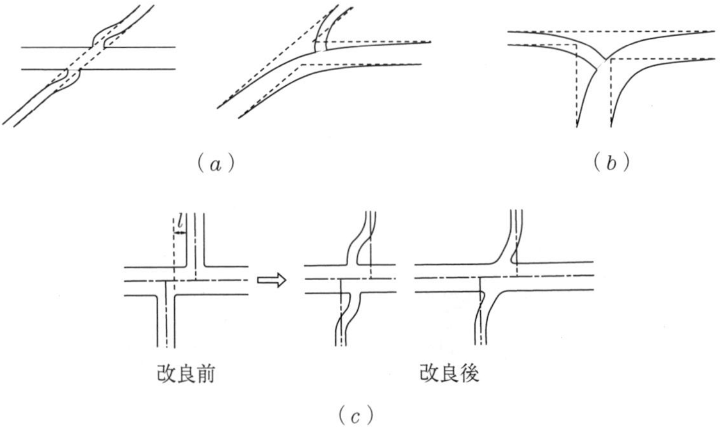

図 *7.17* 交差点の改良[2)]

③　交差点における主交通流はできるだけ直線に近いものにし，二つ以上の足が交差しないようにする〔図(*b*)参照〕。

④　食い違い交差や折れ足交差は避ける〔図(*c*)参照〕。

⑤　交差点間隔は交通処理の必要から，できるだけ大きくとる。

⑥　必要に応じ，屈折車線，変速車線もしくは交通島を設け，または隅角部を切り取って隅切りをして見通しのよい構造とする。

〔*3*〕**交差点の屈折車線，導流化**　交差点において，右・左折車がたまると直進車の交通の流れを妨げ，交通容量を著しく低下させる。そこで，**図 *7.18*** に示すように，交差点取付け部の車道幅員を拡幅して左折専用車線としたり，中央帯の一部を右折専用としたりして，屈折車線を設けるとよい。また，屈折車が合流や分流を行うとき，交通流を円滑に一定経路（導流路）に導くために**交通島**（traffic island）を設ける。これを**導流化**（channelization）といい，歩行者の安全を図ることもできる。

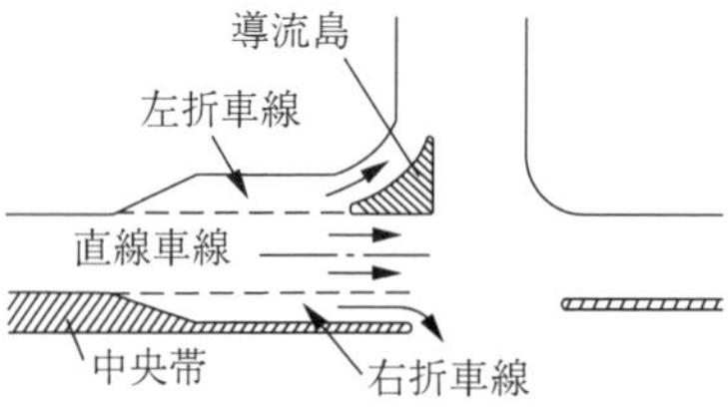

図 *7.18*　交差点の屈折車線の設置と導流化[3)]

〔*4*〕**交差点の隅切り**　都市部の交差点では歩行者交通・自転車交通が多いので，**図 *7.19*** に示すように，隅各部の隅切りを行う必要がある。隅切りは，歩行者・自転車のたまり空間を与え，見通しの改良，巻込み事故の防止などが図られることから，交差点での安全性が向上する。

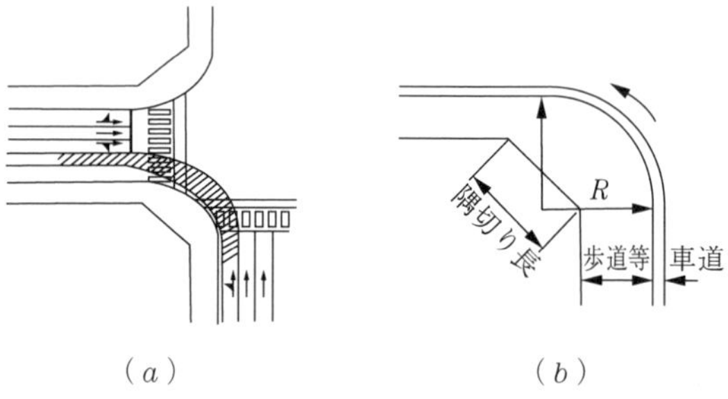

図 *7.19*　交差点の左折車走行と隅切り[3)]

7.4.2 立 体 交 差

〔*1*〕 **立体交差の分類**　道路と道路，あるいは道路と鉄道とがたがいに異なる高さで交差することを**立体交差**（grade separation）という。道路相互の立体交差としては，つぎの三つに大別される。

① 完全出入制限された自動車専用道路相互，自動車専用道路と一般道路を平面交差することなく，接続する本線と連結路によって構成される立体交差で，**インターチェンジ**（interchange），**ジャンクション**（junction）という。

② 完全出入制限の本線の道路が他の道路と交差する場合など，本線が交差する他の道路と接続を要しない立体交差で，**単純立体交差**という。

③ 平面交差での円滑な交通処理のため，主交通あるいは主交通に最も大きな影響を与える交通流を他の交通流から立体的に分離するために設けられる立体交差で，**交差点立体交差**という。

〔*2*〕 **インターチェンジ**　インターチェンジは，主として出入制限のある第1種，第2種の自動車専用道路を対象とし，道路相互の交通を**ランプ**（ramp）によって接続する立体交差構造物である。インターチェンジの形式は，交通の処理方法により，完全立体交差，不完全立体交差および織込み型に分類される。

1） **完全立体交差**　**完全立体交差**は，平面交差を含まず各ランプが独立しており，理想的なインターチェンジの基本形である。広大な用地が必要で，ランプが複雑になり運転者が方向感覚を失いやすい欠点がある。**図 *7.20*** に完全立体交差の例を示す。

2） **不完全立体交差**　**不完全立体交差**は，平面交差を1箇所以上含む形式である。多様な変化が可能で，用地面積と建設費が節約でき，交通特性や地形によく適合した形を得ることができる。本線とランプの交通の停止を余儀なくされ，交通の連続性と安全性がやや損なわれる欠点を持つ。**図 *7.21*** に不完全立体交差の例を示す。

3） **織 込 み 型**　**織込み型**は，平面交差は含まないが，交通流の織込み

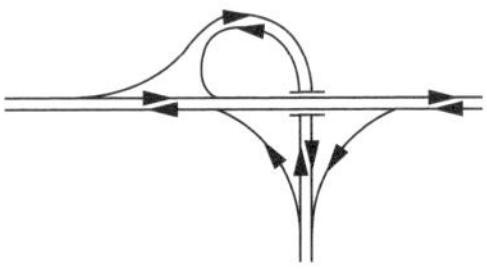

（a）トランペット型

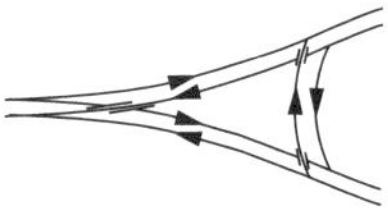

（b）Y型（直結Y型）

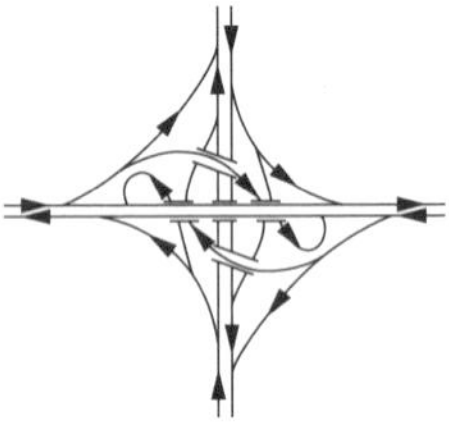

（c）対向ループ型

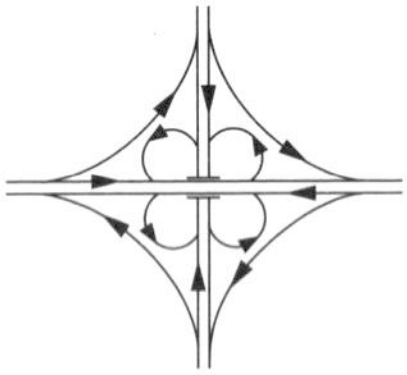

（d）クローバー型

図 7.20　完全立体交差型の例[1)]

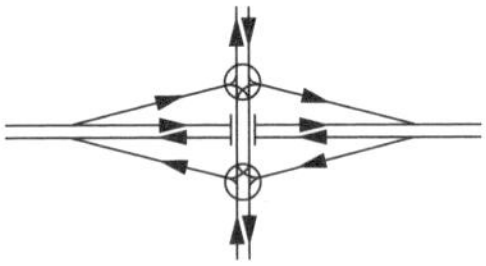

（a）ダイヤモンド型

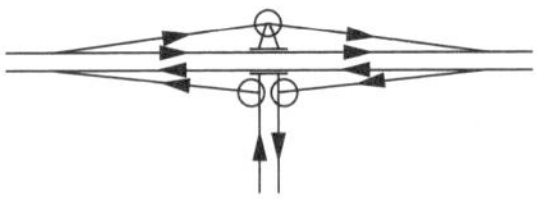

（b）集約ダイヤモンド型

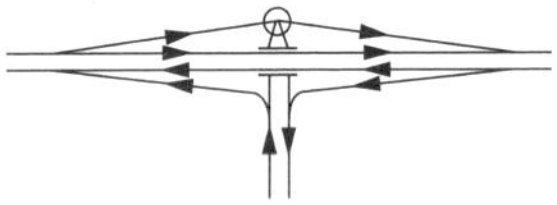

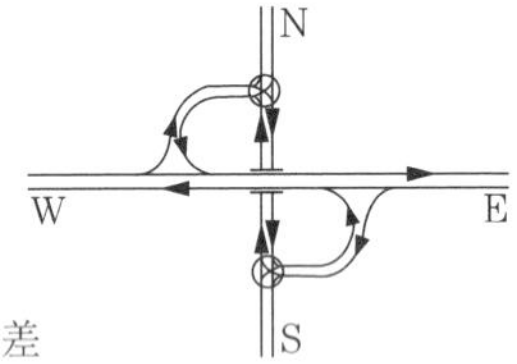

○　平面交差

（c）平面Y型

図 7.21　不完全立体交差の例[1)]

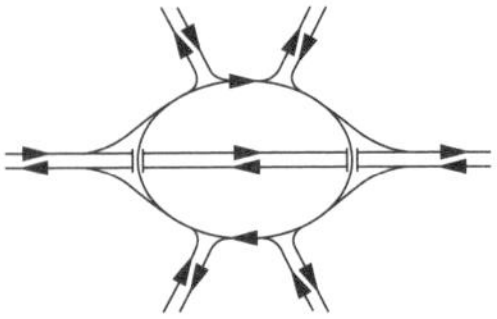

図 7.22　織込み型の例[1)]
（ロータリー型）

を伴う形式で，**図 7.22** に示すロータリー型と直結Y型がある。織込み区間が隘路となるため，交通容量は小さい。

〔3〕**交差点立体交差**　第3種，第4種の一般道路において，交差部の交通容量の低下を避けるた

めに，交差する道路のうち優先すべき道路の本線を立体交差により分離した立体交差である。割掘り形式によるアンダーパス，高架形式によるオーバーパスがある。図 **7.23** にその一例を示す。

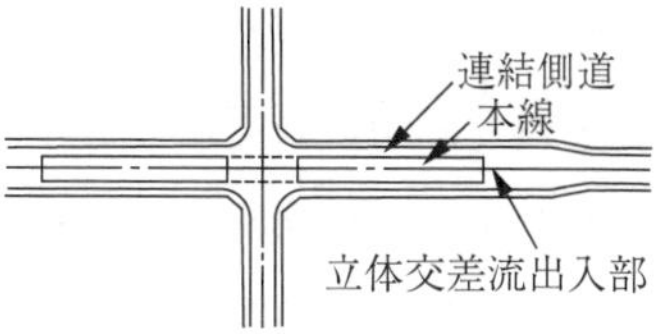

図 7.23 交差点立体交差の例[5)]

7.5 舗 装 構 造

多くの道路は地盤の上に建設される。通常の地盤は土に覆われているが，その土の上にそのまま道路を建設すると，土の性質や状態によって道路の路面の性質が大きく変わる。乾いた土は硬いが，風のあるときには埃（ほこり）が舞う。また雨が降れば土は軟弱化し，その上を走行することは非常に困難となる。そこで，天候に左右されない安定した材料で地面を覆うようになった。これが**舗装**（pavement）である。道路ばかりでなく空港の滑走路や誘導路，港湾のヤードも舗装されている。

7.5.1 舗装の構成と役割

〔*1*〕 **断 面 構 成**　舗装の断面は，図 **7.24** に示すように，**路床**（subgrade），**路盤**（base course）および**表層**（surface course）から成る。路床

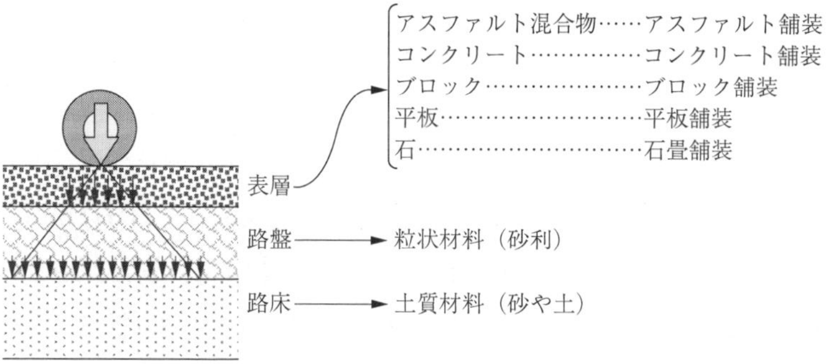

図 7.24 舗装の断面構成

は現地盤が成形されたもので，その上の路盤を支える。路盤はその上の表層を支えると同時に表層から伝わる荷重を分散させて路床に伝える。路盤はおもに砂利のような粒状材料でつくられる。表層は丈夫で平坦な路面を形成するとともに，人や車の荷重を分散させて路盤に伝える。表層がどのような材料によってつくられているかによって，舗装の種類が決まる。

〔*2*〕 **機　　能**

1） **平　坦　性**　施工された直後の路面は平坦であるが，自動車や歩行者の作用によって路面に凹凸が生ずる。図 *7.25* のように路面の凹凸形状を**路面プロファイル**（surface profile）という。車輪走行部（わだち部）がへこんだような状態を，**わだち掘れ**（rutting）という。その深さが数十 mm になると，ハンドルをとられたり，降雨時に水たまりができて危険である。

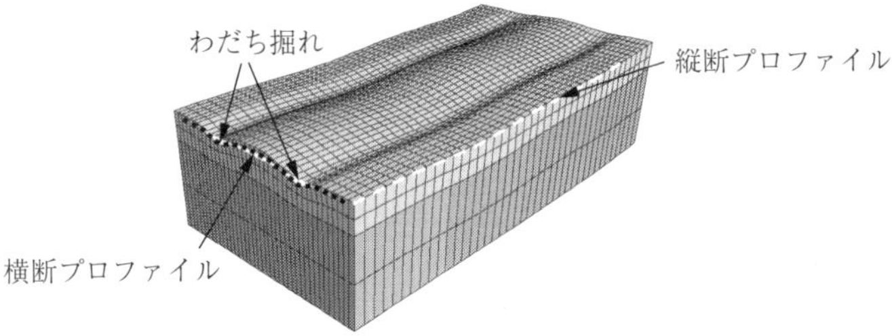

図 *7.25*　路面プロファイル

また，縦断方向の凹凸を**縦断凹凸**あるいは**縦断プロファイル**という。縦断プロファイルが大きくなると車の走行時の快適性が失われる。縦断プロファイルの標準偏差を計算し，その値によって**平坦性**（evenness，roughness）を評価する。

2） **すべり抵抗性**　車道において路面とタイヤとの間に適度な摩擦がないと車の発進・制動ができず，また歩道においては人がうまく歩けない。路面のすべり抵抗性は路面の**きめ**（texture）によって決まる。また，路面が乾いている方が湿っている路面よりもすべり抵抗は大きい。すべり抵抗は，路面とタイヤの摩擦係数で評価する。

3）**構造的耐久性**　舗装を構成している層の厚さや強度が不十分だと，自動車や歩行者が繰り返し通行することによって大きく変形したり，**図 *7.26*** のような**ひび割れ**（cracking）を生じたりする。舗装のひび割れには，温度によるものと，荷重の繰返し作用によるものがある。

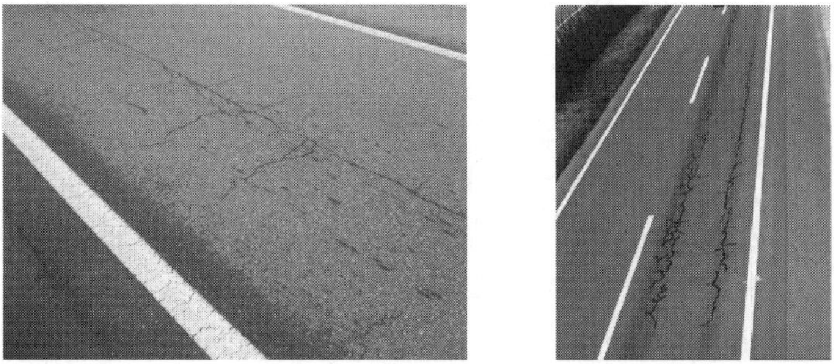

（*a*）　（*b*）

図 *7.26*　舗装のひび割れ

舗装の構造が健全であるかどうかは，荷重によるたわみを計測することによって判断する。**図 *7.27*** は，路面に衝撃荷重を作用させてそのときに発生するたわみを計測する **FWD**（falling weight deflectometer）と呼ばれる装置である。一般に，このたわみが小さいほど舗装の構造は強いと判断できる。

図 *7.27*　FWD 装置によるたわみ測定[6)]

4）**高度な機能**　舗装には上述の機能以外に排水機能がある。路面に水がたまると，車の走行によって水が跳ね上がり，後続の車の視界を遮る。また，わだちに水がたまるとハイドロプレーニング現象が生ずる。路面の水をすばやく排水させるために，非常に空隙（げき）の多いポーラスアスファルト混合物やポーラスコンクリート表層を用いて，舗装の中に水を通す機能を持たせる。このような舗装を**排水性舗装**と呼ぶ。

路面とタイヤの間に発生するタイヤ騒音には，路面の凹凸によってタイヤが振動する音と，タイヤと路面の間の空気による音がある。後者は**ポンピング音**と呼ばれ，タイヤのトレッドと舗装によって囲まれた部分の空気がタイヤの回転とともに路面の間に挟まれて圧縮され，最後に開放されるときに発生する。ポーラスアスファルト舗装やポーラスコンクリート舗装はこのようなポンピング音を減少させる機能も持っている。

夏の日中に舗装に蓄えられた熱が，夜間放熱されることによって路面付近の温度が上昇する現象がある。これはヒートアイランド現象の原因の一つといわれている。このような現象を防ぐために，表層に水を貯め，その水分が蒸発する際の気化熱によって路面温度を低下させる舗装が考えられている。このような舗装は**保水性舗装**と呼ばれている。

〔3〕 種　　類　表層の材料にアスファルト混合物を用いた舗装を**アスファルト舗装**（asphalt pavement, flexible pavement）という。また，セメントコンクリートを用いた舗装を**コンクリート舗装**（concrete pavement, rigid pavement）という。

***1*）アスファルト舗装**　わが国の道路舗装の大部分はアスファルト舗装である。**図 7.28**（*a*）はアスファルト舗装の断面構成である。アスファルトには天然アスファルトと，原油を蒸留した後の残渣（さ）油としての石油アスファルトがある。アスファルトは温度によって変わる粘性と強い粘着性を持つ。適度

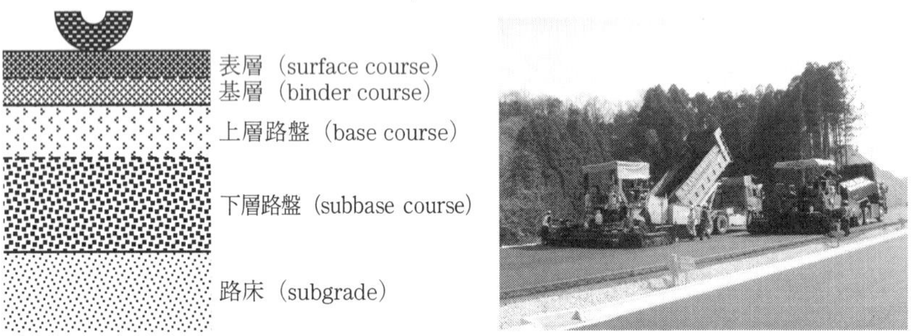

（*a*）断面構成　　（*b*）施工状況

図 7.28　アスファルト舗装の断面と施工

な石粉（フィラー）と骨材とを高温で混ぜあわせて成形した後冷やすと，硬くコンクリートのような材料ができる。これが**加熱アスファルト混合物**（hot asphalt mixture）である。

アスファルト混合物を160℃程度で路盤の上に敷き均し，成形転圧して表層を建設する。表層の敷均しや締固めには，図（*b*）のようなアスファルトフィニッシャーという施工機械を使用する。路面温度が50℃以下になると，アスファルト混合物は適度な硬さになり交通に開放できる。

アスファルト舗装の路面性状は比較的良好であり，施工や補修も容易であるが，わだち掘れやひび割れが5年から10年程度で発生する。このような破損を生じたアスファルト舗装には，表層に新しいアスファルト混合物を敷き均す**オーバーレイ**（overlay）という方法で補修する。

2）　**コンクリート舗装**　　道路の場合，幅4 m，長さ5～10 m，厚さ15～30 cmのコンクリート版を路盤の上に敷き並べる。**図 *7.29***（*a*）はコンクリート舗装の断面である。コンクリート版とコンクリート版のつなぎ目を**目地**（joint）という。目地はコンクリート舗装の弱点になりやすいので，**鉄筋**（dowel bar）で補強される。

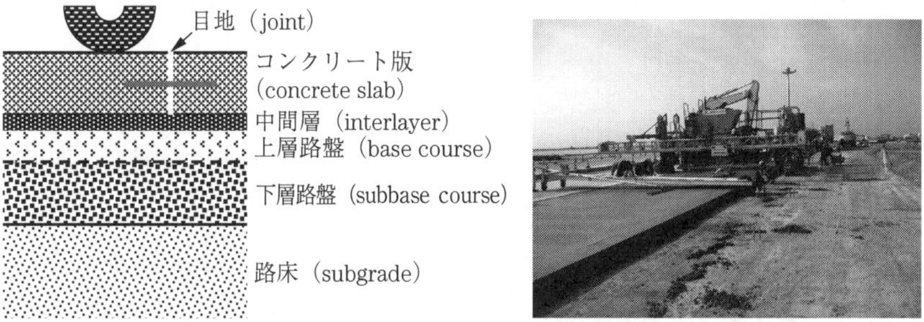

（*a*）　断面構成　　　（*b*）　施工状況

図 *7.29*　コンクリート舗装の断面と施工

コンクリート舗装の施工においては，路盤の上に型枠を組み，コンクリートを流し込む。目地の場所には鉄筋を配し，コンクリートが完全に固まる前にカッターで表面に切れ目を入れて目地とする。図（*b*）は施工の状況の例である。コンクリートが完全に固まるまでに数週間かかるので，コンクリート舗装の施工や補修にはかなりの時間を要する。しかしながら，構造的な耐久性には優れており，アスファルト舗装の寿命が5年から10年であるのに対し，コンクリート舗装の寿命は20年以上といわれている。わが国では，道路トンネル内や空港のエプロン，港湾ヤードに多く用いられている。

3）**コンポジット舗装**　アスファルト舗装は，施工が容易で路面も良好であるが，構造的には弱く寿命も短い。一方，コンクリート舗装は，施工に時間を要するが，構造的には非常に耐久的である。この両者を組み合わせた舗装を**コンポジット舗装**（composite pavement）という。コンクリート版の上に薄いアスファルト混合物を敷いたコンポジット舗装では，構造的な耐久性はコンクリート版が，高度な路面機能はアスファルト層が受け持つ。

7.5.2　舗装の設計

舗装の設計は，定められた設計期間に通行する交通量と地盤や気象の条件にあわせて，良好な路面機能を保持する経済的な舗装の構造を決定することである。舗装に求められる機能には，平坦（たん）性，すべり抵抗性および構造耐久性のほかに，排水性機能，騒音低減機能，保水性などの高度な機能もあり，これらを設計期間にわたって保持するように設計する[7)~9)]。

〔1〕設計条件

1）**交通条件**　道路の車道であれば，おもに大型車の交通量が問題となる。空港のエプロンであれば航空機の種類とその交通量である。ここでの交通量とは，自動車や航空機がタイヤを介して舗装に作用する力の大きさ（荷重）およびその頻度である。交通量が多いほど舗装各層の厚さは厚く，また各層の材料の強度は高くする。

2）**気象条件**　気象条件としては，おもに温度と降水量がある。アスファルト混合物は温度によって変形特性が異なり，温度が高いと軟らかくなる。また，コンクリート版は温度変化によって体積が変化する。このような温度の影響を設計で考慮する必要がある。降水量は，排水機能を考える際に考慮する。

3） **地盤条件**　舗装全体を支える地盤あるいは路床が硬く丈夫なものであれば，舗装全体の厚さは薄くなる。路床の硬さは変形係数（CBR あるいは支持力係数）で評価される。

〔***2***〕 **設計法**　舗装の設計法には，経験に基づく方法（empirical design method）と，力学理論に基づく方法（mechanistic design method）がある。経験に基づく方法は，実物大の走行試験の結果や，供用した舗装の実績などの評価に基づいている。実物大の走行試験としては 1960 年代にアメリカで実施された AASHO 道路試験が代表的なものである。この試験においては，建設中の道路にいろいろな舗装を建設し，大型車を繰り返し走行させて舗装の挙動を観察した。その結果を統計的に解析し，舗装の構造，交通量，破損の程度の関係を明らかにした（**図 *7.30*** 参照）。アメリカやわが国の舗装設計法の基礎となっている。

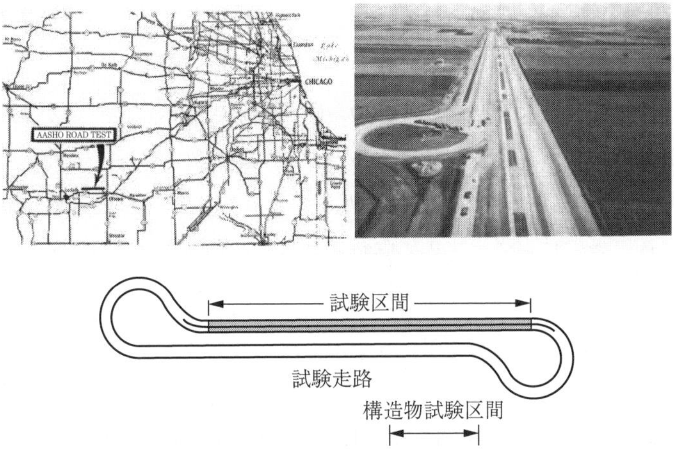

図 *7.30*　AASHO 道路試験[10)]

力学理論に基づく方法は，舗装構造の挙動を力学的理論に基づいて，変形などの応答を予測して設計を行う。舗装は層構造としてモデル化した多層弾性理論（multi-elastic layer theory）を用いる。多層弾性理論は，**図 *7.31*** に示すように各層を水平方向に無限に広がる弾性体と仮定し，各層の間の力のやり取

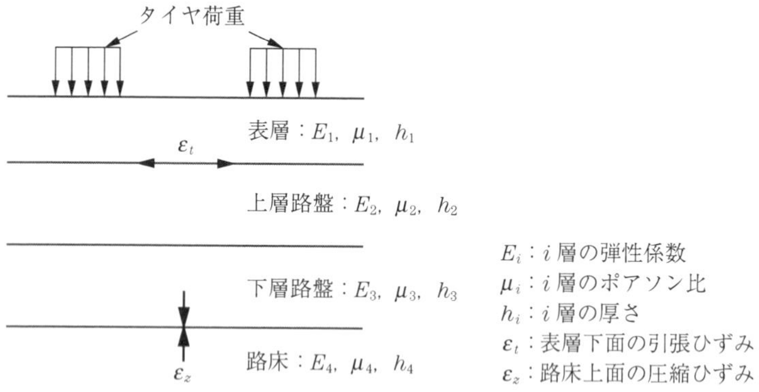

図 *7.31* 多層弾性理論による舗装の応答計算[11)]

りと表面および最下層の境界条件から，各層内の力学的な応答を求める。その応答と材料の破壊を関係づけるものが，材料の破壊規準である。舗装は交通荷重の繰返しによって破壊するので，材料の疲労特性が破壊規準となる。疲労特性は材料試験によって求められる。舗装材料が，発生する応力やひずみに耐えられる繰返し回数を舗装の寿命とする。

〔*3*〕 **わが国の設計法**　わが国の道路舗装の設計は，つぎに示す性能指標がある基準を満足するように設計する[7)]。

- **疲労破壊輪数**　49 kN の輪荷重を繰り返し作用したときに，舗装にひび割れが生ずるまでに要する回数である。
- **塑性変形輪数**　舗装の温度が 60°Cで，49 kN の輪荷重を繰り返し作用したときに，舗装路面が 1 mm 下方へ永久変形するまでの回数である。
- **平坦性**　路面の縦断プロファイルの標準偏差。2.4 mm 以下に定められている。

これらの性能に加え，ある程度のすべり抵抗性は道路舗装において必須である。それ以外には必要に応じ，路面下に水を通す浸透水量，対骨材飛散，対磨耗，騒音などを定める。このように，性能指標を規定し，それを満足するように層構成や材料などを決める設計法を**性能設計法**（performance based design）という。

1）**経験に基づいたアスファルト舗装の設計法**　わが国の道路における設計法を説明する。まず，交通条件としては，49 kN 換算輪数 N を求める。49 kN 換算輪数とは，任意の輪荷重 P_i〔kN〕が 1 回走行したときの舗装に与えるダメージが，49 kN 輪荷重何回の走行に相当するダメージであるかを示すものであり，式（*7.21*）によって求まる。

$$N_i=\left(\frac{P_i}{49}\right)^4 \tag{7.21}$$

計画交通量から設計期間にわたる累積 N を計算し，これが設計に必要な交通条件となる。

【例題 *7.6*】 **表 *7.7*** のような輪荷重（1 日当り）が走行する道路の 10 年間の累積 49 kN 換算輪数を求めよ。ただし交通量は，1 年間で 8 %ずつ直線的に増加するとする。

【解答】 **表 *7.7*** より 1 日当りの換算輪数は 2 102.2 であるから，10 年間の累積換算輪数は以下のようになる。

$$N=2\,102.2\times365\times10\times(1+0.08\times10/2)=10\,742\,242 \text{〔輪〕}$$

表 *7.7*　1 日の輪荷重の分布と換算輪数

輪荷重〔kN〕	$(P/49)^4$ (1)	輪数 (2)	換算輪数 N (1)×(2)
10	0.001 73	9 929	17.2
20	0.027 75	1 905	52.9
29	0.122 69	1 109	136.1
39	0.401 30	613	246.0
49	1	328	328.0
59	2.101 96	192	403.6
69	3.931 99	94	369.6
78	6.420 87	38	244.0
88	10.402 71	17	176.8
98	16	8	128.0
合計		14 233	2 102.2

地盤条件は CBR〔%〕で表現する。これらの条件から信頼性 90 %の場合，アスファルト舗装の必要厚さは式（*7.22*）のようになる[7]。

$$T_A=\frac{3.84N^{0.16}}{\mathrm{CBR}^{0.3}} \tag{7.22}$$

ここに，T_A は必要等値換算厚〔cm〕と呼ばれ，舗装全体をアスファルト混合物で置き換えたときの厚さを表す。舗装構造が決定すれば，等値換算厚 T_A' は式（7.23）で求める。

$$T_A'=a_1T_1+a_2T_2+\cdots+a_nT_n \tag{7.23}$$

ここに，$a_1, a_2, \cdots, a_n$：**表 7.8** に与えられる各層の等値換算係数，$T_1, T_2, \cdots, T_n$：各層の厚さ〔cm〕である。

表 7.8　等値換算係数[7)]

材料・工法	用途	a_i
アスファルト混合物	表層・基層	1.0
アスファルト安定処理	上層路盤	0.8
セメント安定処理	上層路盤	0.65
粒度調整砕石	上層路盤	0.35
クラッシャラン	下層路盤	0.25

【例題 7.7】　路床の CBR が 4 %の地盤条件で，例題 7.6 で求めた累積 49 kN 換算輪数を交通条件としたとき，必要な T_A を求めよ。

【解答】　式（7.22）より

$$T_A=\frac{3.84\times(10\,742\,242)^{0.16}}{4^{0.3}}=33.8\ \text{〔cm〕}$$

【例題 7.8】　例題 7.7 で求められた必要 T_A を満足する舗装構造を設計したい。**表 7.9** のような路盤構造を考えている。アスファルト表層の厚さを決定せよ。

表 7.9　舗装構造と T_A

層構成	工法・材料	a_i	厚さ〔cm〕			
表層	アスファルト混合物	1.0	11	12	13	14
上層路盤	アスファルト安定処理	0.8	8	8	8	8
上層路盤	粒度調整砕石	0.35	20	20	20	20
下層路盤	クラッシャーラン	0.25	30	30	30	30
		T_A'	31.9	32.9	33.9	34.9

【解答】 表層の厚さを 1 cm きざみで 11 cm から 14 cm まで変えて T_A' を計算すると**表 *7.9*** のようになる。必要 T_A が 33.8 cm であるから，それを満足する T_A' を持つのは表層が 13 cm のときである。

2）**力学理論によるアスファルト舗装の設計法**　わが国では舗装の応答を計算する力学理論として多層弾性理論を採用している。**図 *7.31*** に示すモデルによって，交通荷重によるアスファルト層下面の引張ひずみと路床上面の圧縮ひずみを計算する。それらの計算結果を用いて，以下の破壊規準式によって許容 49 kN 輪数を計算する。

i）アスファルト混合物の疲労規準式

$$N_{fa}=\beta_{a1}\cdot 10^{M}(6.167\times 10^{-5}\cdot \varepsilon_t{}^{-3.291\beta_{a2}}\cdot E^{-0.854\beta_{a3}}) \qquad (7.24)$$

ここに，N_{fa}：許容 49 kN 輪数，ε_t：アスファルト混合物層下面の引張ひずみ，E：アスファルト混合物の弾性係数〔MPa〕，$\beta_{a1}=5.229\times 10^4 K_a$，$\beta_{a2}=1.314$，$\beta_{a3}=3.018$，$M=4.84\{V_b/(V_b+V_v)-0.69\}$，$V_b$：アスファルト量〔容積%〕，$V_v$：空隙量〔容積%〕，$K_a=1/(8.27\times 10^{-11}+7.83\times e^{-0.11Ha})\leqq 1.0$，$H_a$：アスファルト層の厚さ〔cm〕である。

ii）路床の永久変形に対する破壊規準式

$$N_{fa}=\beta_{s1}\cdot(1.365\times 10^{-9}\cdot \varepsilon_z{}^{-4.477\beta_{s2}}) \qquad (7.25)$$

ここに，N_{fs}：許容 49 kN 輪数，ε_z：路床上面の圧縮ひずみ，$\beta_{s1}=2.134\times 10^3$，$\beta_{s2}=0.819$ である。

iii）損傷度の計算

許容 49 kN 輪数 N_f に対して，設計期間に予想される 49 kN 輪数を N としたとき，損傷度 D は式（*7.26*）のようになる。

$$D=\frac{N}{N_f} \qquad (7.26)$$

D が 1.0 以下であれば，構造的に破壊することはないと判断される。

【例題 *7.9*】 例題 *7.7* で決定された設計断面において，アスファルト層（アスファルト混合物表層とアスファルト安定処理層）の許容 49 kN 輪数を式

（7.25）より求め，損傷度が 1.0 を下回っていることを確認せよ。

【解答】 **表 7.10** の断面および力学定数を設定して，多層弾性理論よりアスファルト層下面の引張ひずみを求めると，**表 7.10** の第 6 列のようになる。引張ひずみはアスファルト安定処理層の下面が大きいので，その値を用いて許容 49 kN 輪数を計算すると**表 7.11** のようになる。損傷度は 0.2 となり，1.0 を下回っている。

表 7.10　多層弾性理論によるアスファルト層下面の引張ひずみの計算

層構成	材料・工法	厚さ〔cm〕	弾性係数〔MPa〕	ポアソン比	引張ひずみ
表層	アスファルト混合物	13	5 000	0.35	3.23×10^{-5}
上層路盤	アスファルト安定処理	8	5 000	0.35	1.02×10^{-4}
上層路盤	粒度調整砕石	20	300	0.35	
下層路盤	クラッシャーラン	30	200	0.35	
路床	CBR	8 %	80	0.45	

表 7.11　許容 49 kN 輪数および損傷度の計算

M	-0.535
引張ひずみ	1.02×10^{-4}
弾性係数〔MPa〕	5 000
アスファルト層の厚さ〔cm〕	13+8=21
β_{a1}，β_{a2}，β_{a3}	52 290，1.314，3.018
N_{fs}（式（7.24））	49 998 628
N（例題 7.7 より）	10 742 242
疲労度 $D=N/N_f$	0.21

〔4〕 **信　頼　性**　舗装が設計期間内に所定の機能を果たさなくなる確率を**破壊確率**（failure probability）という。その余事象，すなわち，設計期間内に舗装が所定の機能を果たす確率を舗装の**信頼性**（reliability）という。構造設計においては，舗装の構造的な寿命を 49 kN 換算輪数 N で表し，設計期間内に予想される 49 kN 換算輪数 N_0 で表すと，信頼性 R は式（7.27）のように表される。

$$R=\Pr\left(Z=\frac{N}{N_0}>1.0\right) \tag{7.27}$$

ここに，Z は性能関数と呼ばれる。この場合，Z は舗装の寿命に対する安全率で，実際の交通量に対して舗装の寿命がどれほど長いかを示す指標となる。

7.5.3 舗装マネジメント[12)]

〔*1*〕 **舗装の評価**　舗装の性能が交通量や時間とともに低下していく様子を表したものを，舗装性能曲線あるいは舗装**パフォーマンス曲線**（performance curve）という。舗装の寿命は道路の供用期間よりも短いので，長期間にわたって舗装の機能を維持するためには維持修繕が不可欠である。すなわち，**図 7.32** のように，舗装の性能が低下した場合には補修して性能を所要の水準まで戻す。補修しても必要な性能を確保できない場合には，舗装の打換えを行うことになる。

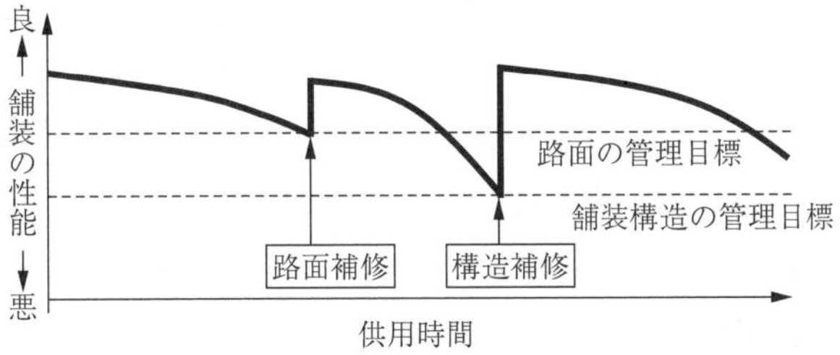

図 7.32　舗装の性能曲線

舗装の性能は，わだち掘れ深さ，ひび割れの程度および平坦性の物理量で表し，それらを総合して評価する。道路舗装の補修基準の指標としてはPSI（present serviceability index）や，わが国で開発された維持管理指数MCI（maintenance control index）がある。

〔*2*〕 **ライフサイクルコスト**　舗装を建設し，補修を繰り返して最終的に打換えを行うまでの過程を舗装の**ライフサイクル**という。舗装のライフサイクルにかかわる費用を**ライフサイクルコスト**（life cycle cost，略してLCC）という。

LCCは，舗装の建設費用，維持修繕費用などの管理者が払う費用と，走行経費，移動時間，維持修繕作業に伴う遅れなど利用者が払う費用の合計である。費用の価値は時間とともに変化していくので，設計の段階で将来の費用を比較するためには，現在の費用に換算して考える。これを**現在価値法**という。

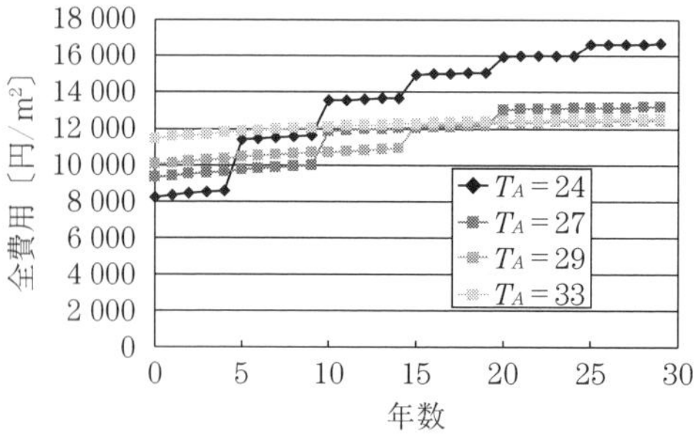

図 7.33　舗装断面 T_A による LCC

図 7.33 は，それぞれの設計 T_A における LCC の比較である。T_A が小さいと初期建設費用は低いが，頻繁に補修を行わなければならず維持補修費用がかさむ。一方，T_A が大きいと維持補修費用は小さいが初期建設費用が高くなる。したがって，LCC が最小になるのはその中間の T_A となる。

〔3〕 **舗装マネジメント**　　LCC と舗装がもたらす便益を，管理者，利用者，環境の立場から考え，多くの調査と情報を利用して舗装性能予測に基づいた維持管理を行い，費用対効果を大きくするためのシステムを**舗装マネジメントシステム**（pavement management system，略して PMS）という。

図 7.34 に PMS の概念を示している。PMS においては，舗装を計画・設計し，それに基づいて施工を行う。その後，点検・検査し，必要に応じて維持管理を行う。そのとき舗装の個々の性能を測定して，供用性データを蓄積・解

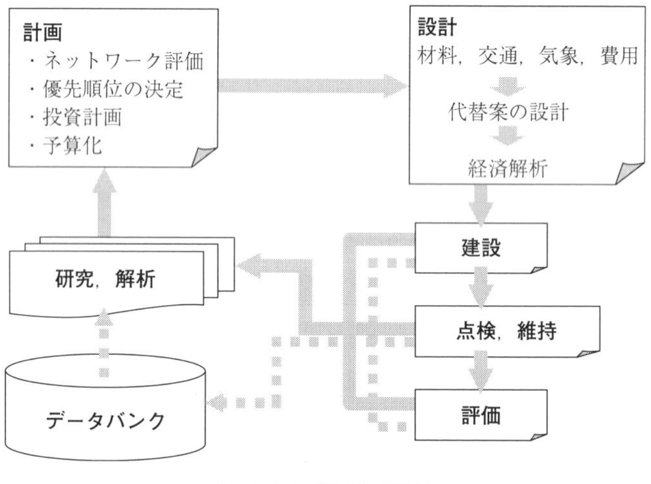

図 7.34　PMS の概念

析する。その結果に基づいてつぎの舗装の計画・設計に反映し，舗装の信頼性の向上，高度化を図る。このために，舗装の性能曲線のデータベースの更新，解析，研究が必要であり，それらの解析結果を設計に反映（フィードバック）させる仕組みが求められる。最終的には，合理的で説明能力のある意思決定を支援するために，LCC 解析が行われる。

演　習　問　題

【1】 道路の横断面の例を示し，基本的な構成要素を示せ。

【2】 道路の線形構造を設計するとき，注意すべき点を箇条書きで記せ。

【3】 設計速度 80 km/h に対して横滑り係数 $f=0.11$ としたとき，片勾配 8 %に対する最小曲線半径を求めよ。

【4】 設計速度 60 km/h における衝撃の緩和，視距の確保を考慮した凸型縦断曲線半径を求めよ。ただし，設計速度 60 km/h における視距は 75 m とする。

【5】【4】と同じ条件に対する凹型縦断曲線半径を求めよ。

【6】 立体交差の種類を三つ挙げよ。

【7】 舗装を構成する層を三つ挙げ，それぞれの役割を記せ。

【8】 以下の条件でアスファルト舗装の設計を行え。設計期間 10 年間の 49 N 換算輪荷重数は 25 300 000 輪とする。路床の CBR は 12 %とする。

（1） 必要設計 T_A を計算せよ。

（2） アスファルト混合物層 10 cm，アスファルト安定処理 10 cm，粒度調整砕石 20 cm，クラッシャーラン 20 cm の舗装は，設計断面として妥当かどうか照査せよ。

引用・参考文献

2章

1）　交通工学研究会編：交通工学ハンドブック（CD-ROM版），丸善（2001）

2）　土木学会編：土木工学ハンドブック 第4版，技報堂出版（1989）

3）　土木学会編：交通需要予測ハンドブック，需要予測のための手法，技報堂出版（1984）

4）　国土交通省道路局企画課道路経済調査室HP：2005年道路交通センサス

5）　仙台都市圏総合都市交通計画協議会HP：仙台都市圏物流調査とは

6）　道央物資流動調査事務局：道央圏物資流動調査について

7）　第2回長野都市圏パーソントリップ調査報告書：現況分析（2003）

8）　第2回長野都市圏パーソントリップ調査報告書：課題分析・将来予測編（2005）

9）　第2回長野都市圏パーソントリップ調査報告書：交通計画編（2005）

10）　土木学会土木計画学研究編：非集計行動モデルの理論と実際，土木学会（1984）

11）　交通工学研究会編：やさしい非集計分析，丸善（1995）

3章

1）　William Alonso（折下　功訳）：立地と土地利用，朝倉書店（1972）

2）　都市計画教育研究会編：都市計画教科書，彰国社（1996）

3）　土木計画学研究委員会編：国際セミナー「土地利用と交通―モデルと政策シミュレーション」，土木学会（1986）

4）　国土交通省総合政策局編：陸運統計要覧平成18年度版，日本自動車会議所（2007）

5）　内閣府：交通安全白書 平成19年度版（交通事故発生件数・死傷者数の推移）（2007）
http://www8.cao.go.jp/koutu/taisaku/h19kou_haku/pdffiles/gh1_111.pdf（2008年1月現在）

6）　国土交通省道路局：道路交通の円滑化／TDM（渋滞状況）http://www.mlit.go.jp/road/sisaku/tdm/TOP_PAGE.html（2008年1月現在）

7） 環境省：環境白書 平成18年版（2006）
8） 森山正和編：ヒートアイランドの対策と技術，学芸出版社（2004）
9） 山中英生ほか：まちづくりのための交通戦略—パッケージアプローチのすすめ，学芸出版社（2000）
10） 土木学会編：土木計画学の領域と構成（土木計画学シリーズII），技報堂（1976）
11） 広島都市交通問題懇談会編：広島の都市交通の現況と将来（都市圏における総合的交通計画に関する報告書），大蔵省印刷局（1971）
12） 新谷洋二ほか：都市計画，コロナ社（2004）
13） 元田良孝，岩立忠夫，上田　敏：交通工学，p.182，森北出版（2006）
14） 平田登基男，亀野辰三，宮腰和弘，武井幸久，内田一平：都市計画，p.94，コロナ社（2007）
15） 岡崎義則，高岸節夫，大橋健一，竹内光生：新 地域および都市計画，p.19，コロナ社（2001）
16） 元田良孝，岩立忠夫，上田　敏：交通工学，p.96，森北出版（2006）
17） 岡崎義則，高岸節夫，大橋健一，竹内光生：新 地域および都市計画，p.21，コロナ社（2002）
18） 土木学会編：地区交通計画，p.78，国民科学社（1995）
19） 天野光三，藤墳忠司，小谷通泰，山中英生：歩車共存道路の計画・手法，p.5，都市文化社（1986）
20） 全日本交通安全協会訳：オランダにおけるWOORNERF計画，人と車，**14**-1，**14**-2（1978）
21） 土木学会編：地区交通計画，p.108，国民科学社（1995）

【その他の参考文献】

・RACDA：路面電車とまちづくり，学芸出版社（1999）
・鈴木文彦：路線バスの現在・未来PART 2，グランプリ出版（2001）
・日本都市計画学会編：都市計画マニュアルII［6都市交通施設］，丸善（2003）
・日本交通計画協会編：駅前広場計画指針，技報堂出版（1998）
・平井都士夫：都市交通の展開，法律文化社（1995）

4章

1） 土木学会監修：土木用語辞典，コロナ社（1971）
2） 日本道路協会編：道路構造例の解説と運用，丸善（1983）
3） 日本道路協会編：道路の交通容量，丸善（1984）

4） 大蔵　泉：交通工学，コロナ社（1993）
5） 河上省吾，松井　寛：交通工学，森北出版（1987）
6） 越　正毅，明神　証：新体系土木工学 61 道路（Ⅰ）—交通流—，技報堂出版（1983）
7） 土木学会 土木計画学研究委員会「交通ネットワーク」出版小委員会編：交通ネットワークの均衡分析—最新の理論と解法—，pp.14-19，土木学会（1998）

5章

1） 土木学会編：土木用語大辞典，技報堂出版（1999）
2） 大蔵　泉：交通工学，コロナ社（1993）
3） 元田良孝，岩立忠夫，上田　敏：交通工学（第2版），森北出版（2006）
4） 国土交通省道路局：道路交通の円滑化/TDM
http://www.mlit.go.jp/road/sisaku/tdm/TOP_PAGE.html
5） 交通需要マネジメントに関する調査研究委員会編：わが国における交通需要マネジメント実施の手引き，道路広報センター（2000）
6） 札幌市市民まちづくり局総合計画部交通企画課：さっぽろの交通 総合交通計画部のページ http://www.city.sapporo.jp/Sogokotsu/index/index.html
7） 日本交通管理技術協会：歩車分離制御に関する調査研究報告書（2002）
8） 警察庁：歩車分離式信号に関するQ&A
9） 交通工学研究会編：平面交差の計画と設計　基礎編（1984）
10） 道路行政研究会編：道路行政　平成17年度版，全国道路利用者会議（2006）
11） 朝日新聞社：ITS 21世紀，車と道路はこう変わる（1998）
12） イメージ工学研究所編：ITSのすべて，日本経済新聞社（1995）
13） 徳山日出夫，石崎奉彦，加藤恒太朗：Smart way 知能道路2001，日本経済新聞社（1998）
14） 建設省道路局編：道の駅の本 個性豊かなにぎわいの場づくり，ぎょうせい（1993）
15） 建設省道路局編：NEXT　WAY，道路広報センター（1992）

6章

1） 環境省：平成18年版環境白書
2） 「地球温暖化のための道路政策会議中間とりまとめ」 道路，11月号，p 46-51（2005）
3） 環境省環境管理局自動車環境対策課：平成16年度自動車交通騒音の状況につ

いて 平成 18 年 3 月 31 日，環境省 HP
4） 環境庁：騒音に係わる環境基準の評価マニュアル II，地域評価編（道路に面する地域）（平成 12 年 4 月）
5） 国土交通省道路局企画課道路経済調査室：渋滞対策の現状と展開，道路，5 月号，pp.8-12（2005）
6） 国土交通省道路局地方道・環境課環境調査室：「美しい国づくり政策大綱」と道路における取り組み，道路，10 月号，pp.8-15（2003）
7） 建設省：環境政策大綱（1994）
8） 「日本風景街道（シーニック・バイウェイ・ジャパン）」，道路，3 月号，p.55（2006）
9） 「道路事業の環境影響評価における景観について」 道路，2 月号，p.26（2005）
10） 国土交通省 HP
11） 内閣府：平成 18 年版交通安全白書（2006）
12） 環境省 HP

7 章

1） 日本道路協会編：道路構造令の解説と運用，丸善（2005）
2） 多田宏行編著：大学土木・道路工学，オーム社（2003）
3） 姫野賢治，赤木寛一，武市靖，竹内　康，村井貞規：道路工学，理工図書（2005）
4） 福田　正編著：交通工学，朝倉書店（1994）
5） 福田　正，松野三郎：道路工学，朝倉書店（1987）
6） 土木学会舗装工学委員会：舗装工学ライブラリー 2，FWD および小型 FWD の運用の手引き，土木学会（2004）
7） 日本道路協会編：舗装設計便覧，丸善（2006）
8） 国土交通省航空局：空港舗装構造設計要領，港湾空港建設技術サービスセンター（1999）
9） 土木学会舗装工学委員会編：舗装標準示方書，土木学会（2007）
10） セメント協会編：AASHO 道路試験（1973）
11） 土木学会舗装工学委員会編：舗装工学ライブラリー 3，多層弾性理論入門，土木学会（2006）
12） 笠原　篤編著：交通システム工学，共立出版（1993）

演 習 問 題 解 答

1章

【1】 限界効用の低減により，あるものを多く所有する場合には1個当りの価値は低いが，少量の所有では1個当りの価値は高くなる。このため，山の民は多大な犠牲を払ってでも日常手にすることのできない海の幸を手に入れようとするし，反対に，海の民は多大な犠牲を払ってでも山の幸を手に入れようとする。この結果，徒歩以外の交通手段がなかった時代においても，遠い地点間の交易が存在していた。

【2】 古代エジプト・ロンドン・京都・大阪などがある。
古代エジプトでは，ナイル川の水運を利用して町やピラミッドを構築した。ロンドンでは，外海よりも水面の穏やかなテムズ川下流部での水運を考慮して都市がつくられ，イングランド南部の物資の集散地として栄えた。京都では，淀川を利用して日本各地と交易するための運河である高瀬川が開削された。大阪城築城に際し，遠く離れた瀬戸内海の島しょ部から多くの石材を調達している。

【3】 A さんのある1日の行動は，11個あった。これらの行動を示すと
① 朝起きて会社に出かけるまでの“住”に関する行動：住居，移動なし
② 出勤の“動”に関する行動：自宅から会社，徒歩-バス-鉄道-徒歩
③ 会社で仕事をする“働”に関する行動：会社，移動なし
④ 会社の工場に業務で出かける“動”に関する行動：会社から工場，自動車
⑤ 工場で仕事をする“働”に関する行動：工場，移動なし
⑥ 工場から会社に帰る“動”に関する行動：工場から会社，自動車
⑦ 会社で仕事をする“働”に関する行動：会社，移動なし
⑧ 会社の帰りに居酒屋に行く“動”に関する行動：会社から居酒屋，徒歩
⑨ 会社の同僚と居酒屋で酒を飲む“憩”に関する行動：居酒屋，移動なし
⑩ 居酒屋から自宅に帰る“動”に関する行動：徒歩-鉄道-バス-徒歩
⑪ 家に帰って寝るまでの“住”に関する行動：自宅，移動なし
となる。

【4】 航空機や新幹線では速度や安全性の向上を目指してさまざまな技術開発が行われている。安全性に関する技術水準をそのままにして速度を向上させても，速度の向上により危険性が増して安全性が低下すること。

【5】 市場メカニズムが機能するためには，「① 需要・供給の独占がなく，② 参入・退出が自由で，③ 売り手と買い手に関する情報の完全性」が成立していなければならない。このような条件のもとで財は最適に配分される。一般消費財にはこれらの条件は成り立つが，交通などの社会資本には成り立たない。鉄道やバスなどは運営を効率化するために地域独占せざるを得ないし，また，生活する上で交通は必要不可欠であり，参入・退出の自由もない。

2章

【1】 ***2.1.3*** 項「主要な交通調査 〔*3*〕パーソントリップ調査」を参照。

【2】 ***2.1.3*** 項「主要な交通調査 〔*2*〕全国道路交通情勢調査」を参照。

【3】 ***2.2*** 節「交通需要推計」を参照。

【4】 計算方法は通勤目的の関数モデルの解答例を参考にせよ。

【5】 **解表 *2.1*** に示す。

解表 *2.1* デトロイト法による収束結果
(2 回で収束した)

O＼D	1	2	3	計
1	23 061.2	13 802.9	20 732.9	57 597.0
2	10 764.2	27 080.8	21 780.8	59 625.8
3	13 005.5	17 519.7	33 455.1	63 980.3
計	46 830.9	58 403.4	75 968.8	181 203.1

【6】 **解図 *2.1*** に示す。図の見方は例題 *2.4* を参照。

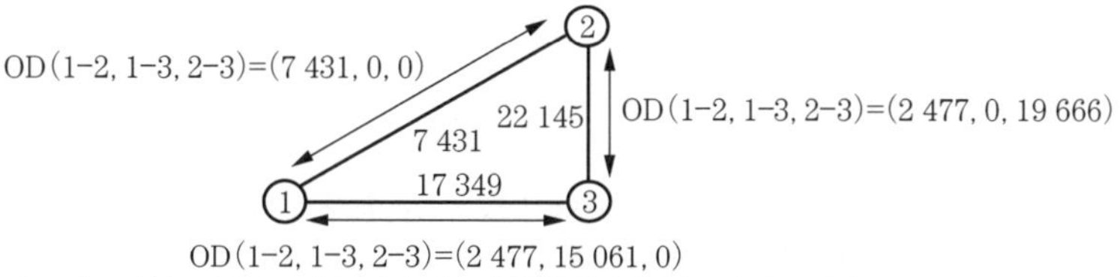

(OD(1−2)は 3 回目の分割配分時の最短経路が経路 2 となった)

解図 *2.1*

【7】 ***2.3.1*** 項「非集計行動モデルの概要」を参照。

3章

【1】 交易や交流，さらには，集積の利益を求めて，人々は集住するようになり，交通の要衝などが都市になる。技術の進歩により交通機関の整備や工業生産が大規模化され，都市における交流・交易・集積による利益も増加する。このような現象を繰り返して，都市が拡大する。

【2】 “商業”系の施設を立地する場合，都心のように人通りが多くて交通の便利な所では，利潤が大きくて交通コストが低くなり，高い地価・地代を負担することができる。“商業”系の施設を郊外に立地する場合，利潤が少なくなって交通コストが増加するため，高い地価・地代を負担できなくなる。

“住宅”の立地では，都心のように便利な所では交通コストが低くて通勤などに要する時間も少ないため，都心の住宅地付け値は高くなる。“住宅”が郊外に立地する場合は，不便なために交通コストが高くて通勤などに長時間を要するため，郊外の住宅地付け値は低くなる。これら付け値は立地競合してその最大なものが地価・地代として顕在化する。この結果，地価は，都心商業地が高く，都心からの距離とともに指数的に逓減していく。

単一中心都市では，すべての市場や雇用は都心にあると仮定しており，郊外では付け値が0にもなり得るが，実際の都市では，郊外部においても市場や雇用が存在しており，郊外部の付け値は0にはならないが，付け値は**図*3.1***に示すとおり右下がりの傾向となる。

【3】 都市成長の初期段階では，一般に，都市の人口は少なく，基幹となる交通整備も行われていない。このため，都心から郊外への放射状方向では，いずれの方向へも交通利便性の顕著な差はなく，都心から同心円的に異なる環状の土地利用が形成される。

都市成長に伴って産業活動や人口が増加すると，鉄道や道路などの基幹的な交通整備が行われ，都心からの距離が同じであっても，基幹的交通手段が整備された方向の都市化が進み，扇型の土地利用が形成される。

さらに都市が成長して巨大化すると，都心の処理機能の限界を超え，単一中心型の都市では処理できなくなる。この結果，都心機能を持った中心が複数個現れるようになり，これらの中心と連携しながら都市空間が形成される。また，複数の中心地を結ぶ交通需要は大きく，地下鉄などのようなサービスレベルの高い交通手段が必要となる。

【4】 東京都市圏は1都4県から成り，人口3 400万人を超える大都市圏で，関東平野一円に広がっている。京阪神都市圏は2府4県から成り，人口1 900万人で，細長い平野や盆地に沿って都市圏が広がっている。中京都市圏は1 000万の人口を有し，濃尾平野に広がっている。

東京のような広大な平野に広がった大都市圏では自動車の割合も高いが，都市規模が大きいため，自動車だけでは交通処理ができないため，鉄道により多く依存している。中京都市圏も広大な濃尾平野に広がっており，さらに，東京よりも都市規模が小さいために3大都市圏の中では自動車利用の割合が突出して高い。京阪神は山の多いところに都市が連帯しており，他の大都市圏と比較して，鉄道や二輪への依存割合が高いコンパクトな都市圏を形成している。

【5】 交通手段別計画では交通手段選択という概念がないため，自動車交通から公共交通への転換を図るような政策課題の評価ができない。また，鉄道や道路の別々の計画では，将来交通量の推計で，鉄道利用者と自動車利用者の合計が都市圏の人口を上回るような矛盾を生じる可能性もある。

【6】 鉄道は大量，かつ，高速の交通手段であり，また，特殊で高価な車両と専有軌道を必要とする。大容量であるため高密利用に適するが，設備投資や維持管理費の高さから低密利用には適さない。また，高速であるため，短距離ではなくトリップの長い交通に適する。

一方，自動車交通は，道路における占有空間の大きさから都市内の高密交通には適さないが，郊外や地方都市での低密交通に適する数少ない交通手段である。トリップ長においても，比較的短いトリップから長いトリップまで処理可能であり，適応領域も広い。

【7】 地下鉄は，都市人口の増大，都市活動の活発化に伴う交通需要の増加に対応するため，一般に地上では建設困難な既成市街地の地下に建設される。輸送トリップの中心は，概略的に表現すれば，朝は出勤，昼は業務・帰社，夕は帰宅・娯楽，夜は帰宅を目的とするもので，大量のトリップを高頻度の運行によって輸送している。整備当初は都心部の需要に対応する目的で建設されるが，都市が大きくなるにつれて路線が増加し，ネットワークが形成される。こうしたことを箇条書きすればよい。

【8】 バスの長所は「身体にハンディのある人も利用でき，鉄道から下車した外部流入者も利用可能」，短所は「早朝や深夜は便がなく，道路の交通状態によっては定時運行が困難」，一方，自転車の長所は「いつでも即時に利用でき，所要時間が比較的安定」，短所は「坂道や悪天候時は利用が困難」などが挙げられる（他にもいろいろある。数人で話し合って書き出してみるとよい）。

バスと自転車は徒歩とともに鉄道端末交通手段の代表的なもので，両者の利用される距離帯はほとんど同程度といってよい。バスはラインサービスの交通機関であるから，自転車との競合は路線沿線地域で発生し，また営業時間帯に限られる。自転車は軽い“乗り物”ではなく，バス運行のない地域，時間帯では鉄道端末交通手段としても欠かせない都市交通手段である。

バスと自転車の競合性，すなわちどちらが利用（選択）されるかについては両者とも一長一短があり，個人や世帯によって，地域や時によって変化する。上に挙げた長所，短所の例などを参考にし，いくつかのケースに分けてそれぞれの優勢，劣勢を整理してみよ。

【9】 形成されている道路網の形状，各道路の種類は，その地域の歴史，土地利用の状況と関連している。幾何学的形状，単に種類だけを調査するのではなく，現在の状況がどうしてそのようになっているのかについても考察することが望ましい。

【10】 路上駐車は少なからず交通事故の原因となっている。また，交通の流れを乱し，状況によっては停滞や渋滞を引き起こしている。道路と交通の状態は場所ごとにさまざまで，観察に出かけると多種多様な現象を見ることができよう。多くの現象を観察し，駐車対策についても考察することが望ましい。

【11】 空間的歩車分離には，歩道，自転車歩行者道，歩道橋・地下道(立体横断施設)，ペデストリアンデッキなど，時間的歩車分離には，横断歩道，信号交差点，歩行者用道路（車両通行禁止）などがある。

【12】 道路交通の様相にはその地区の諸特性（土地利用，市街地整備レベル，人口など）が反映されている。また，コミュニティー道路は地区の顔にもなる施設であって，まちづくりの面からも計画，設計されている場合が多い。したがって，視察においては単にどのようなデバイスがあるかに注目するだけでなく，その道路の周辺地区の状況も観察し，多面的にコミュニティー道路の意義や役割りについて考察し，評価を試みるとよい。

4章

【1】 ***4.2*** 節を参照。

【2】 ***4.3.1*** 項を参照。

【3】 ***4.3.5*** 項を参照。

【4】 ***4.4.2*** 項を参照。

5章

【1】～【3】 解答略。

6章

【1】～【5】 解答略。

7章

【1】 図 *7.2* 参照。

【2】 (1) 地形や地域の土地利用と調和していること。

(2) 線形が連続しており，車や人の運動に適合していること。

(3) 平面線形，縦断線形および横断構成が調和していること。

(4) 線形が視覚的に無理がないこと，錯覚などを起こさないこと。

(5) 交通の安全性，円滑性および快適性を満足すること。

(6) 建設費や維持管理の費用が安いこと。

(7) 施工しやすいこと。

(8) 地質，地形および地物などの条件を考えに入れておくこと。

【3】 式 (*7.4*) より，265 m 以上となる。

【4】 式 (*7.16*) より，10.0Δ。式 (*7.17*) より，14.1Δ。大きい方をとって，14.1Δ となる。それを 100/Δ 倍すると，1 410 m となる。道路構造令では 1 400 m と規定している。

【5】 式 (*7.16*) より，10.0Δ。式 (*7.18*) より，2.1Δ。大きい方をとって，10.0Δ となる。それを 100/Δ 倍すると，1 000 m となる。道路構造令でも 1 000 m と規定している。

【6】 ① インターチェンジ (interchange)，ジャンクション (junction)：完全出入制限された自動車専用道路相互，自動車専用道路と一般道路を平面交差することなく，接続する本線と連結路によって構成される。

② 単純立体交差：完全出入制限の本線の道路が他の道路と交差する場合など，本線が交差する他の道路と接続を要しない。

③ 交差点立体交差：平面交差での円滑な交通処理のため，主交通あるいは主交通に最も大きな影響を与える交通流を他の交通流から立体的に分離するために設けられる。

【7】 路床 (subgrade)：現地盤が成形された層で，その上の路盤を支える。

路盤 (subbase, base course)：路床の上に構築された層で，その上の表層を支えると同時に，表層から伝わる荷重を分散させて路床に伝える。路盤はおもに砂利のような粒状材料でつくられる。

表層 (surface course)：路盤の上にある一番上の層で，丈夫で平坦な路面を形成するとともに，人や車の荷重を分散させて路盤に伝える。表層がどのような材料によってつくられているかによって，舗装の種類が決まる。

【8】 (1) 式 (*7.21*) より，$T_A=27.9$ cm。

(2) $T_A'=1.0\times10+0.8\times10+0.35\times20+0.25\times20=30$ cm >27.9 cm なので，この舗装断面は設計断面として妥当である。

索　　引

【ま行】

【や行】

【ら行】

【わ】

—— 著者略歴 ——

大橋　健一（おおはし　けんいち）
1972 年　愛媛大学工学部土木工学科卒業
1974 年　愛媛大学大学院工学研究科修士課程修了（土木工学専攻）
1974 年　明石工業高等専門学校助手
1977 年　明石工業高等専門学校講師
1984 年　明石工業高等専門学校助教授
1995 年　英国レディング大学客員研究員
1996 年　博士（工学）（徳島大学）
1996 年　明石工業高等専門学校教授
2013 年　明石工業高等専門学校名誉教授

髙岸　節夫（たかぎし　せつお）
1966 年　名古屋工業大学土木工学科卒業
1968 年　名古屋工業大学大学院修士課程修了（土木工学専攻）
　京都大学助手
1971 年　大阪府立工業高等専門学校講師
1973 年　大阪府立工業高等専門学校助教授
1986 年　大阪府立工業高等専門学校教授
1993 年　博士（工学）（京都大学）
2007 年　大阪府立工業高等専門学校名誉教授

日野　智（ひの　さとる）
1997 年　北海道大学工学部土木工学科卒業
1999 年　北海道大学大学院工学研究科修士課程修了（都市環境工学専攻）
2001 年　北海道大学大学院工学研究科博士後期課程修了（都市環境工学専攻）
　博士（工学）
2002 年　日本学術振興会特別研究員（PD）
2004 年　秋田工業高等専門学校助手
2007 年　秋田工業高等専門学校助教
2008 年　秋田大学准教授
　現在に至る

宮腰　和弘（みやこし　かずひろ）
1981 年　山梨大学工学部環境整備工学科卒業
1988 年　長岡技術科学大学助手
1995 年　博士（工学）（長岡技術科学大学）
1999 年　長岡工業高等専門学校助教授
2006 年　長岡工業高等専門学校教授
　現在に至る

柳澤　吉保（やなぎさわ　よしやす）
1984 年　信州大学工学部土木工学科卒業
1986 年　信州大学大学院工学研究科修士課程修了（土木工学専攻）
1997 年　博士（工学）（京都大学）
1998 年　長野工業高等専門学校助教授
2007 年　長野工業高等専門学校教授
　現在に至る

佐々木　恵一（ささき　けいいち）
1995 年　室蘭工業大学工学部建設システム工学科卒業
1997 年　室蘭工業大学大学院工学研究科博士前期課程修了（建設工学専攻）
1999 年　函館工業高等専門学校助手
2000 年　室蘭工業大学大学院工学研究科博士後期課程修了（建設工学専攻）
　博士（工学）
2006 年　函館工業高等専門学校助教授
2007 年　函館工業高等専門学校准教授
　現在に至る

折田　仁典（おりた　じんすけ）
1972 年　秋田大学鉱山学部土木工学科卒業
1975 年　秋田大学大学院鉱山学研究科修士課程修了（土木工学専攻）
1981 年　秋田工業高等専門学校助教授
1993 年　博士（工学）（北海道大学）
1999 年　秋田工業高等専門学校教授
2001 年　技術士（建設部門）
2012 年　秋田工業高等専門学校名誉教授

西澤　辰男（にしざわ　たつお）
1979 年　金沢大学工学部土木工学科卒業
1981 年　金沢大学大学院工学研究科修士課程修了（土木工学専攻）
1981 年　金沢大学助手
1985 年　石川工業高等専門学校助手
1989 年　石川工業高等専門学校講師
1989 年　工学博士（東北大学）
1991 年　石川工業高等専門学校助教授
2005 年　石川工業高等専門学校教授
　現在に至る
2008 年　技術士（建設部門）

交通システム工学

Traffic System Engineering

2009年3月23日　初版第1刷発行
2016年1月5日　初版第3刷発行

検印省略

著　者　大　橋　健　一
　　　　柳　澤　吉　保
　　　　髙　岸　節　夫
　　　　佐々木　恵　一
　　　　日　野　　　智
　　　　折　田　仁　典
　　　　宮　腰　和　弘
　　　　西　澤　辰　男
発行者　株式会社　コロナ社
　　　　代表者　牛来真也
印刷所　新日本印刷株式会社

112-0011　東京都文京区千石4-46-10

発行所　株式会社　**コ　ロ　ナ　社**

CORONA PUBLISHING CO., LTD.

Tokyo　Japan

振替 00140-8-14844・電話(03)3941-3131(代)

ホームページ　http://www.coronasha.co.jp

ISBN 978-4-339-05518-4　(横尾)　(製本：愛千製本所)

Printed in Japan